微课堂
学电脑

U0388947

计算机常用工具
软件入门与应用

（第2版）（微课版）

文杰书院◎编著

清华大学出版社
北京

内 容 简 介

本书以通俗易懂的语言、精挑细选的实用技巧、翔实生动的操作案例，全面介绍了计算机工具软件概述、文件管理与阅读、图像浏览与编辑处理、娱乐视听工具软件、语言翻译工具软件、网上浏览与文件下载、即时聊天与网上办公、网络短视频媒体制作工具、电脑系统优化与安全维护等方面的知识、技巧及应用案例。

本书结构清晰、图文并茂，以实战演练的方式讲解知识点，让读者一看就懂、一学就会，学有所获。本书面向学习计算机工具软件的初中级读者，不但适合无基础又想快速掌握计算机常用工具软件的读者，更适合广大电脑爱好者及各行各业的人员自学使用，同时还可以作为高等院校计算机相关专业的教材和社会培训机构的辅导用书。

图书在版编目 (CIP) 数据

计算机常用工具软件入门与应用：微课版/文杰书院编著. —2版. —北京：清华大学出版社，2022.12
(微课堂学电脑)
ISBN 978-7-302-62031-0

Ⅰ. ①计…　Ⅱ. ①文…　Ⅲ. ①工具软件　Ⅳ. ①TP311.56

中国版本图书馆CIP数据核字(2022)第189449号

责任编辑：魏　莹
封面设计：李　坤
责任校对：吕丽娟
责任印制：沈　露

出版发行：清华大学出版社
　　　网　　　址：http://www.tup.com.cn, http://www.wqbook.com
　　　地　　　址：北京清华大学学研大厦A座　　　邮　　编：100084
　　　社 总 机：010-83470000　　　　　　　　　邮　　购：010-62786544
　　　投稿与读者服务：010-62776969, c-service@tup.tsinghua.edu.cn
　　　质量反馈：010-62772015, zhiliang@tup.tsinghua.edu.cn
印 装 者：三河市龙大印装有限公司
经　　销：全国新华书店
开　　本：187mm×250mm　　　印　张：15　　　字　数：360千字
版　　次：2017年7月第1版　2022年12月第2版　印　次：2022年12月第1次印刷
定　　价：79.00元

产品编号：096725-01

前　言

随着信息技术的不断进步和推广，熟练使用计算机工具软件已经成为人们使用电脑的必备能力。大多数读者已不再满足于使用电脑进行简单的文字处理和上网操作，而是希望通过计算机工具软件方便快捷地解决实际问题、提高工作效率。为了帮助电脑初学者快速地掌握计算机常用工具软件，以便在日常的学习和工作中学以致用，我们编写了本书。

一、购买本书能学到什么

本书根据初学者的学习习惯，采用由浅入深、由易到难的方式进行编写，为读者快速学习提供一个全新的学习和实践操作平台，无论是对基础知识安排还是实践应用能力的训练，都允分地考虑了用户的需求，让读者快速达到理论知识与应用能力的同步提高。本书结构清晰，内容丰富，主要包括以下 4 个方面的内容。

1. 计算机工具软件基础知识

本书第 1 章，介绍了计算机工具软件的基础知识，包括常用工具软件分类、获取工具软件的方式、安装与卸载工具以及工具软件版本等几方面的内容。

2. 文档管理与多媒体应用工具

本书第 2 ~ 5 章，介绍了文档管理与多媒体应用工具的相关知识，包括文件管理与阅读、图像浏览与编辑处理、娱乐视听工具与语言翻译工具软件相关方面的知识与操作技巧。

3. 网络应用与媒体制作工具

本书第 6~8 章，介绍了网络应用与媒体制作工具的相关知识，包括网上浏览与文件下载、即时聊天与网上办公、网络短视频媒体制作工具等方面的相关操作方法及应用案例。

4. 系统优化与安全维护

本书第 9 章介绍了电脑系统优化与安全维护方面的知识，包括如何使用鲁大师、360 安全卫士、驱动精灵等相关软件方面的知识与方法。

二、如何获取本书更多的学习资源

为帮助读者高效、快捷地学习本书的知识点，我们不但为读者准备了与本书知识点有关的配套素材文件，而且还设计并制作了精品短视频教学课程，同时还为教师准备了 PPT 课件资源。购买本书的读者，可以通过以下两种途径获取相关的配套学习资源。

　　读者在学习本书的过程中，可以使用微信的扫一扫功能，扫描本书"课堂范例"标题左下角的二维码，在打开的视频播放页面中在线观看视频课程；也可以扫描下方的二维码，下载文件"读者服务.docx"，获得本书的配套学习素材、作者官方网站链接、微信公众号和读者QQ群服务等。

读者服务

　　本书由文杰书院组织编写，参与本书编写工作的有李军、袁帅、文雪、李强、高桂华等。

　　我们真切地希望读者在阅读完本书之后，可以开阔视野，增长实践操作技能，并从中学习和总结各种工具软件操作的经验和规律，提高灵活运用的水平。鉴于编者水平有限，书中纰漏和考虑不周之处在所难免，热忱欢迎读者予以批评、指正，以便我们日后能编写更好的图书。

编　者

目 录

第1章

计算机工具软件概述

本章要点

- 工具软件简介
- 工具软件的版本
- 安装与卸载工具软件

本章主要内容

　　本章主要介绍工具软件简介和工具软件的版本方面的知识，在本章的最后还针对实际的工作需求，讲解了安装与卸载工具软件的方法。通过对本章内容的学习，读者可以掌握计算机工具软件基础方面的知识，为深入学习计算机常用工具软件知识奠定基础。

1.1 工具软件简介

工具软件与计算机用户有着密不可分的关系，在日常应用、系统维护、办公等方面都随处可见很多工具软件。本节将详细介绍工具软件的一些基础知识。

1.1.1 什么是工具软件

工具软件是指除操作系统、大型商业应用软件之外的一些应用软件，能够对计算机的硬件和操作系统进行安全维护、优化设置、修复备份等。大多数工具软件是共享软件、免费软件、自由软件或者软件厂商开发的小型的商业软件，一般体积较小，功能相对单一，但却是解决一些特定问题的有力工具。

1.1.2 工具软件的分类

按照工具软件的功能，可以分为网页浏览工具、网络下载软件、压缩和解压缩软件、图文浏览软件、多媒体播放软件、网络通信软件、数据备份与还原软件、系统优化与防护工具等 8 个类别。

1. 网页浏览工具

目前，常用的网页浏览器除了 Windows 系统自带的 IE 浏览器外，还有很多种不同功能的浏览器，如火狐浏览器、360 浏览器等，用户可以根据自己的需要安装适合的浏览器。

2. 网络下载软件

互联网中提供了丰富多样的资源，如果用户准备进行下载，建议安装相关的网络下载软件，如迅雷、百度网盘和 P2Psearcher 等。

3. 压缩和解压缩软件

当电脑中存储的文件较大时，用户可以使用 WinRAR 或 WinZip 压缩软件将其压缩，从而释放电脑硬盘空间。

4. 图文浏览软件

使用图文浏览软件，可以浏览电脑中的图片和文本。常见的图片管理软件有 ACDSee，常见的文章阅读软件有 Adobe Reader 和超星图书阅览器等。

5. 多媒体播放软件

如果准备播放电脑中的音乐和电影，建议在电脑中安装多媒体播放软件，如 Windows Media Player、QQ 影音、网易云音乐和暴风影音等。

6. 网络通信软件

目前，在互联网中最常使用的即时通信软件是 QQ 和微信，用户也可以使用电子邮件进行网络通信，如使用 Foxmail 收发电子邮件。

7. 数据备份与还原软件

为了确保数据和文件的安全性，用户可以使用一键 GHOST、驱动精灵和 FinalData 等软件进行数据备份与还原。

8. 系统优化与防护工具

用户可以使用 Windows 优化大师和 CCleaner 等软件对操作系统进行优化。当电脑面临病毒的侵袭时，还可以使用 360 安全卫士和金山毒霸等软件保护电脑的安全。

1.1.3 获取工具软件的途径

在使用某个工具软件之前，需要将其安装到计算机中。目前，在互联网上有很多不错的软件下载站点，供用户下载工具软件。获取工具软件的主要途径有从官方网站下载和从软件下载站点下载。本节将详细介绍获取工具软件的相关方法。

1. 从软件官方网站下载

从官方网站下载的软件通常都是最具权威性的最新版本，有时候也提供带有新功能的外部测试版本。下面以在 Windows 10 系统上，下载"QQ 音乐"为例，来详细介绍从官方网站下载软件的操作方法。

操作步骤   Step by Step

第 1 步 启动 IE 浏览器，在地址栏中输入网站地址"https://y.qq.com"并按 Enter 键，进入"QQ 音乐"官方网站页面，❶将鼠标指针移动到页面上方的【客户端】上，❷在弹出的下拉列表中选择【下载体验】选项，如图 1-1 所示。

第 2 步 此时在页面下方会弹出一个对话框，单击【保存】按钮，如图 1-2 所示。

图 1-1

图 1-2

第3步 下载完毕后，单击【打开文件夹】按钮，如图 1-3 所示。

第4步 打开下载所在的路径，可以看到已经下载完成的软件安装包，这样即可完成从软件官方网站下载软件的操作，如图 1-4 所示。

图 1-3

图 1-4

2. 从软件下载站点下载

随着网络技术的不断发展，用户不仅可以在官方网站下载软件，同时也可以登录到专业的工具软件网站，进行软件下载操作。国内专业的工具软件网站主要有如华军软件园（www.onlinedown.net）、天空软件站（www.skycn.com）、太平洋下载中心（dl.pconline.com.cn）等，都提供了便捷的软件下载服务。同时根据软件的性质和用途，网站还将功能相似的软件进行分类整理，方便用户根据需要进行选择性下载，华军软件园界面如图 1-5 所示。

图1-5

1.2 工具软件的版本

一般工具软件名称后面经常有一些英文和数字，如"微信（WeChat）V3.4.5.22 Beta"，这些都是软件的版本标志，通过版本标志可以对软件的类型有所了解。工具软件的版本通常可以分为测试版、演示版、正式版和其他版本。本节详细介绍工具软件版本的相关知识。

1.2.1 测试版

工具软件的测试版通常分为 Alpha 版（内部测试版）和 Beta 版（外部测试版）两种。下面分别予以详细介绍。

1. Alpha 版（内部测试版）

Alpha 版通常会送交到开发软件的组织或社群中的各个软件测试者，用作内部测试。在市场上，越来越多的公司会邀请外部的客户或合作伙伴参与其软件的 Alpha 测试阶段。这令软件在此阶段可经受更广泛的可用性测试。

2. Beta 版（外部测试版）

Beta 版是第一个对外公开的软件版本，是由公众参与的测试阶段。一般来说，Beta 版包含所有功能，但可能有一些已知问题和较轻微的 Bug（缺陷）。

Beta 版的测试者通常是开发软件的组织或客户，他们会以免费或优惠价得到软件，而且会成为组织的免费测试者。

1.2.2 演示版

演示版又称 Demo 版，演示版主要是演示正式软件的部分功能，用户可以从中得知软件的基本操作方法，为正式产品的发售扩大影响。如果是游戏软件，则只有一两个关卡可以试玩。该版本一般可以通过免费下载获取，在非正式版软件中，该版本的知名度最大。

1.2.3 正式版

正式版通常包括 Full Version 版（完全版）、Enhanced 版（增强版或加强版）和 Free 版（自由版）3 种。下面分别予以详细介绍。

1. Full Version 版（完全版）

Full Version 版是正式版，是最终正式发售的版本。

2. Enhanced 版（增强版或加强版）

如果是一般软件，通常称作"增强版"，会加入一些实用的新功能。如果是游戏，通常称作"加强版"，会加入一些新的游戏场景和游戏情节等。这是正式发售的版本。

3. Free 版（自由版）

这是由个人或自由软件联盟组织的成员制作的软件，供大家免费使用，没有版权，可以通过免费下载获取。

1.2.4 其他版本

工具软件的其他版本有 Shareware 版（共享版）和 Release 版（发行版），这两个版本都与正式版接近，不过会有相对的限制。下面分别予以详细介绍。

1. Shareware 版（共享版）

有些公司为了吸引客户，对于他们制作的某些软件，可以让用户通过免费下载的方式获取。不过，此版本软件多会带有一些使用时间或次数的限制，但可以利用在线注册或电子注册成为正式版用户。

2. Release 版（发行版）

Release 版不是正式版，带有时间限制，是为扩大影响所做的宣传策略之一。比如

Windows Me 的发行版就限制了只能使用几个月，可通过免费下载或由公司免费赠送获取。Release Candidate（简称 RC）指可能成为最终产品的版本，如果没有再出现问题则可推出正式版本。通常此阶段的产品是接近完整的。

1.3 实战课堂——安装与卸载工具软件

完成下载工具软件的安装包后，用户可通过运行安装程序将其安装到电脑中，如果准备不再使用该软件可将其卸载，用户可以通过"Windows 设置"卸载软件，也可以通过使用 360 软件管家卸载软件。本节将介绍安装与卸载工具软件的方法。

<< 扫码获取配套视频课程，本节视频课程播放时长约为 2 分 55 秒。

1.3.1 下载并安装 360 安全卫士

一般情况下，在官方网站上用户可以下载到最新、最全的工具软件，在这里下载的工具软件也比较安全。下面详细介绍在官方网站下载 360 安全卫士的操作方法。

操作步骤

Step by Step

第 1 步 启动 IE 浏览器，在地址栏中输入 360 官方网址"http://www.360.cn"，然后按 Enter 键，进入官方网站页面，❶选择【360 安全卫士】选项卡，❷单击【立即体验】按钮，如图 1-6 所示。

图 1-6

第 2 步 此时在页面下方会弹出一个对话框，单击【保存】按钮，如图 1-7 所示。

图 1-7

第3步 下载完毕后，单击【打开文件夹】按钮，如图1-8所示。

图1-8

第5步 弹出一个安装程序对话框，用户可以单击【浏览】按钮设置安装路径，也可以直接单击【同意并安装】按钮，如图1-10所示。

图1-10

第7步 待软件安装完成后，会进入另一个显示页面，显示"360安全卫士已安装完成"，单击【打开卫士】按钮，如图1-12所示。

第4步 打开下载所在的路径，可以看到已经下载完成的软件安装包，双击该安装包图标，如图1-9所示。

图1-9

第6步 进入正在安装界面，用户需要在线等待一段时间，如图1-11所示。

图1-11

第8步 系统会启动并打开360安全卫士，这样即可完成下载并安装360安全卫士的操作，如图1-13所示。

图 1-12

图 1-13

✎ 知识拓展：如何使用搜索引擎搜索工具软件？

可以在常用的搜索引擎如百度、谷歌、360 搜索等的搜索栏中输入工具软件的名称，找到软件下载网址下载即可。

1.3.2 卸载工具软件

对于准备不再使用的工具软件，可以将该工具软件卸载，以节省系统空间。如果软件没有提供自卸载程序，可以通过"Windows 设置"卸载软件。下面以卸载"腾讯视频"为例，介绍通过"Windows 设置"卸载软件的操作方法。

操作步骤

Step by Step

第 1 步 在 Windows 10 系统桌面左下方，❶单击【开始】按钮 ⊞，❷在弹出的开始菜单中，选择【设置】命令，如图 1-14 所示。

第 2 步 打开【Windows 设置】窗口，单击【应用】按钮，如图 1-15 所示。

图 1-14

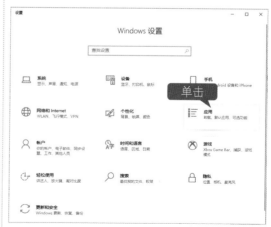

图 1-15

第3步 进入【应用和功能】界面，❶找到并选中【腾讯视频】应用，❷单击【卸载】按钮，❸在弹出的对话框中单击【卸载】按钮，如图1-16所示。

图 1-16

第5步 进入下一个界面，单击【继续卸载】按钮，如图1-18所示。

图 1-18

第7步 弹出一个对话框，显示"部分文件暂时无法删除，在Windows重新启动之后将会被删除。"，单击【确定】按钮，如图1-20所示。

图 1-20

第4步 弹出【腾讯视频】对话框，❶选择【卸载】选项，❷单击【继续卸载】按钮，如图1-17所示。

图 1-17

第6步 弹出【腾讯视频 2022 卸载程序】对话框，显示"正在解除安装"信息，用户需要在线等待一段时间，如图1-19所示。

图 1-19

第8步 进入【解除安装已完成】界面，提示"卸载完成"信息，单击【关闭】按钮即可，如图1-21所示。

图 1-21

专家解读

由于软件以及软件的版本不同，在卸载软件时会出现不同的界面，可以根据具体的提示来卸载软件。

1.3.3　使用360软件管家卸载工具软件

360软件管家是一款电脑软件管理工具，是集软件下载、更新、卸载、优化于一体的工具，有很多软件可以通过360软件管家进行安装、卸载与更新等。下面以卸载"光影看图"为例，来详细介绍使用360软件管家卸载工具软件的操作方法。

操作步骤

Step by Step

第1步 启动360安全卫士，单击右上角的【软件管家】按钮，如图1-22所示。

图1-22

第2步 进入【360软件管家】界面，单击【卸载】按钮，如图1-23所示。

图1-23

第3步 进入卸载界面，在【全部软件】区域，❶选择【光影看图】选项，❷单击其对应的【一键卸载】按钮，如图1-24所示。

图1-24

第4步 可以看到正在卸载软件，用户需要在线等待一段时间，如图1-25所示。

图1-25

第5步 可以看到已经将选择的软件卸载完毕，并显示节约磁盘空间大小，这样即可完成使用360软件管家卸载工具软件的操作，如图1-26所示。

■ **指点迷津**

可以在【软件管家】的【宝库】选项卡中的文本框中输入要下载的软件，然后单击【搜索】按钮，即可下载该软件。

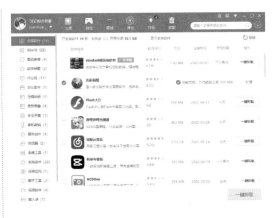

图1-26

1.4 思考与练习

通过本章的学习，读者可以掌握计算机工具软件的基本知识以及一些常见的操作方法。下面将针对本章知识点，有目的地进行相关知识测试，以达到巩固与提高的目的。

一、填空题

1. _____ 指除操作系统、大型商业应用软件之外的一些应用软件，能够对计算机的硬件和操作系统进行安全维护、优化设置、修复备份等。

2. 按照工具软件的 _____，可以分为网页浏览工具、网络下载软件、压缩和解压缩软件、图文浏览软件、多媒体播放软件、网络通信软件、数据备份与还原软件、系统优化与防护工具等8个类别。

3. _____ 通常会送交到开发软件的组织或社群中的各个软件测试者，用作内部测试。

4. _____ 是第一个对外公开的软件版本，是由公众参与的测试阶段。一般来说，Beta版包含所有功能，但可能有一些已知问题和较轻微的Bug。

5. _____ 又称Demo版，演示版主要是演示正式软件的部分功能，用户可以从中得知软件的基本操作方法，为正式产品的发售扩大影响。

6. _____ 通常包括Full Version版（完全版）、Enhanced版（增强版或加强版）和Free版（自由版）3种。

二、判断题

1.大多数工具软件是共享软件、免费软件、自由软件或者软件厂商开发的小型的商业软

件，一般体积较小，功能相对单一，但却是解决一些特定问题的有力工具。 （　　）

    2. 当电脑中存储的文件较大时，用户可以使用迅雷或百度网盘压缩软件将其压缩，从而释放电脑硬盘空间。 （　　）

    3. Release 版不是正式版，带有时间限制，也是为扩大影响所做的宣传策略之一。（　　）

    4. 有些公司为了吸引客户，对于他们制作的某些软件，可以让用户通过免费下载的方式获取 Release 版（发行版）。不过，此版本软件多会带有一些使用时间或次数的限制，但可以利用在线注册或电子注册成为正式版用户。 （　　）

三、简答题

    1. 如何通过"Windows 设置"卸载软件？

    2. 如何使用 360 软件管家卸载工具软件？

第2章

文件管理与阅读

本章要点

- 压缩与解压——WinRAR
- 加密和解密——文件夹加密超级大师
- 文件恢复——FinalData
- PDF文档阅读——Adobe Acrobat Pro DC
- 添加PDF签名

本章主要
内容

本章主要介绍了压缩与解压缩、加密和解密、文件恢复和PDF文档阅读方面的知识与技巧，在本章的最后还针对实际的工作需求，讲解了添加PDF签名的方法。通过对本章内容的学习，读者可以掌握文件管理与阅读基础操作方面的知识，为深入学习计算机常用工具软件知识奠定基础。

2.1 压缩与解压——WinRAR

WinRAR 软件是一款功能强大的压缩包管理器，支持多种格式类型的文件，用于备份数据、缩减电子邮件附件的大小、解压缩从互联网中下载的压缩文件和新建压缩文件等。本节将介绍 WinRAR 压缩软件的使用方法。

2.1.1 快速压缩文件

使用 WinRAR 压缩软件，可以将电脑中保存的文件压缩，缩小文件的体积，便于存放和传输。下面以通过右键菜单压缩文件为例，详细介绍快速压缩文件的操作方法。

操作步骤   Step by Step

第1步 ❶右击电脑中要压缩的文件，❷在弹出的快捷菜单中选择【添加到压缩文件】命令，如图 2-1 所示。

第2步 弹出【压缩文件名和参数】对话框，❶在【压缩文件名】文本框中，输入压缩文件名称，❷单击【确定】按钮，如图 2-2 所示。

图 2-1

图 2-2

第3步 弹出【正在创建压缩文件】对话框，显示压缩进度，用户需要在线等待一段时间，如图 2-3 所示。

第4步 压缩完成后可以看到已经压缩好的文件，通过以上步骤即可完成快速压缩文件的操作，如图 2-4 所示。

图 2-3

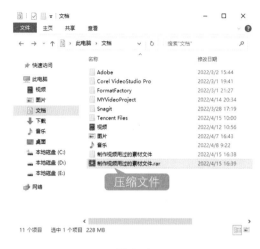

图 2-4

2.1.2 为压缩文件添加密码

在压缩文件的时候，如果不希望别人看到压缩文件里面的内容，可以使用 WinRAR 的加密功能为压缩文件添加密码。下面详细介绍为压缩文件添加密码的操作方法。

操作步骤 Step by Step

第1步 ❶右击电脑中要压缩的文件，❷在弹出的快捷菜单中选择【添加到压缩文件】命令，如图 2-5 所示。

图 2-5

第2步 弹出【压缩文件名和参数】对话框，❶在【压缩文件名】文本框中输入压缩文件名称，❷单击【设置密码】按钮，如图 2-6 所示。

图 2-6

第3步 弹出【输入密码】对话框，❶在【输入密码】与【再次输入密码以确认】文本框中，输入要设置的密码，❷单击【确定】按钮，如图 2-7 所示。

图 2-7

第4步 弹出【带密码压缩】对话框，单击【确定】按钮，如图 2-8 所示。

图 2-8

第5步 弹出【正在创建压缩文件】对话框，显示压缩进度，如图 2-9 所示。

图 2-9

第6步 双击压缩完成的文件，可以看到在文件列表后方带有"*"号标志的文件，说明文件已被添加密码，如图 2-10 所示。

图 2-10

第 7 步　双击带有"*"号标志的文件，系统即可弹出【输入密码】对话框，在【输入密码】文本框中，输入相应的密码，单击【确定】按钮即可查看相应的文件，通过以上步骤即可完成为压缩文件添加密码的操作，如图 2-11 所示。

■ 指点迷津

可以在【输入密码】对话框中，选中【显示密码】复选框，来验证密码是否有输入错误。

图 2-11

2.1.3 解压压缩包到指定目录

使用 WinRAR 工具软件可以把文件解压到指定目录中，从而方便查看和使用。下面详细介绍解压到指定目录的操作方法。

操作步骤　　　　　　　　　　　　　　　　Step by Step

第 1 步　❶右击要解压的文件，❷在弹出的快捷菜单中选择【解压文件】命令，如图 2-12 所示。

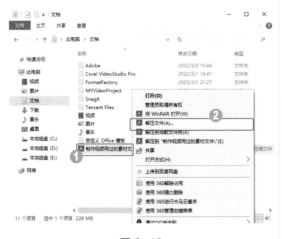

图 2-12

第 2 步　弹出【解压路径和选项】对话框，❶在【目标路径】文本框中，设置解压文件的目录位置，❷单击【确定】按钮，如图 2-13 所示。

图 2-13

第3步 找到解压文件的目录位置，可以看到文件被解压出来，这样即可完成解压压缩包到指定目录的操作，如图 2-14 所示。

指点迷津

右击要解压的文件，在弹出的快捷菜单中选择【解压到当前文件夹】命令，可以直接解压文件到当前文件夹中。

图 2-14

2.1.4 分卷压缩文件

在 WinRAR 中集成了分卷压缩的功能，在制作的时候能够将某个大文件，分卷压缩存放在任意指定的盘符中。下面详细介绍分卷压缩文件的具体方法。

操作步骤
Step by Step

第1步 ❶右击要分卷压缩的文件，❷在弹出的快捷菜单中选择【添加到压缩文件】命令，如图 2-15 所示。

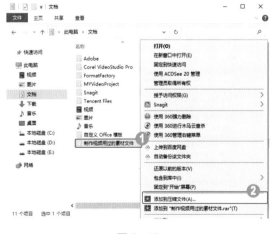

图 2-15

第2步 弹出【压缩文件名和参数】对话框，❶在【切分为分卷(V)，大小】下拉列表框中，输入分卷的大小值并选择单位，❷单击【确定】按钮，如图 2-16 所示。

图 2-16

第 3 步 打开文件夹，可以看到分卷压缩的文件，通过以上步骤即可完成分卷压缩文件的操作，如图 2-17 所示。

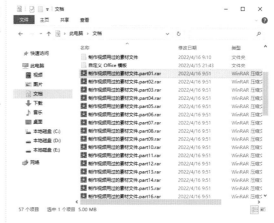

图 2-17

■ 指点迷津

可以根据文件的大小，在下拉列表框中直接选择软件提供的分卷大小。

 知识拓展：设置压缩文件的方式

对文件进行压缩操作时，在打开的【压缩文件名和参数】对话框中，可以在【压缩方式】下拉列表框中选择【标准】、【存储】、【最快】、【较快】、【标准】、【较好】或【最好】压缩方式中的一种，这样即可设置压缩文件的方式。

2.1.5 课堂范例——制作自解压文件

自解压文件是一种可以不用借助任何压缩工具，而只需双击该文件就可以自动执行解压缩的文件，是压缩文件的一种。下面介绍制作自解压文件的操作方法。

<< 扫码获取配套视频课程，本节视频课程播放时长约为 1 分 01 秒。

 配套素材路径：配套素材/第2章
素材文件名称："办公案例素材"文件夹

操作步骤 Step by Step

第 1 步 ❶右击本例的素材文件夹，❷在弹出的快捷菜单中选择【添加到压缩文件】命令，如图 2-18 所示。

第 2 步 弹出【压缩文件名和参数】对话框，在【压缩选项】选项组，选中【创建自解压格式压缩文件】复选框，如图 2-19 所示。

图 2-18

图 2-19

第 3 步 在【压缩文件名和参数】对话框中，❶切换到【高级】选项卡，❷单击【自解压选项】按钮，如图 2-20 所示。

图 2-20

第 4 步 弹出【高级自解压选项】对话框，❶切换到【常规】选项卡，❷在【解压路径】文本框中，设置解压路径，❸单击【确定】按钮，如图 2-21 所示。

图 2-21

第 5 步 返回到【压缩文件名和参数】对话框中，单击【确定】按钮，如图 2-22 所示。

图 2-22

第 6 步 创建完自解压文件后，在指定位置找到后缀为 .exe 的自解压文件，双击该文件，如图 2-23 所示。

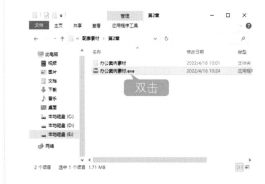

图 2-23

第7步 弹出【WinRAR 自解压文件】对话框，单击【解压】按钮，如图 2-24 所示。

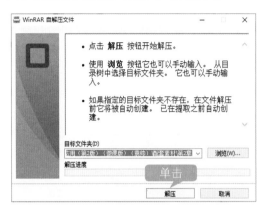

图 2-24

第8步 进入【解压进度】界面，显示解压文件的解压进度，如图 2-25 所示。

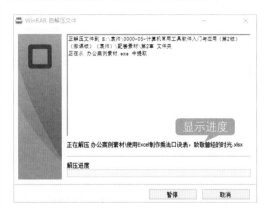

图 2-25

第9步 此时可以看到已解压后的文件，通过以上步骤即可完成制作自解压文件的操作，如图 2-26 所示。

■ 指点迷津

自解压文件不需要外部程序来解压，独立运行便可进行解压操作。WinRAR 仍然可将自解压文件当成压缩文件处理，如果用户不愿意运行所收到的自解压文件，可以使用 WinRAR 来查看或是解压。

图 2-26

2.2 加密和解密——文件夹加密超级大师

文件夹加密超级大师是专业的文件加密软件、文件夹加密软件。具有超快和强大的文件加密、文件夹加密功能，使文件加密和文件夹加密后，让加密文件和加密文件夹无懈可击，没有密码无法解密并且能够防止被删除。本节将介绍文件夹加密超级大师的相关知识。

2.2.1 加密文件或文件夹

电脑上存储着平时工作和生活中的大量文件数据，其中一部分敏感的文件数据，如私人信件、聊天记录、重要的资料是不想让别人看到或被拷贝的，用户可以使用文件夹加密超级大师软件进行加密。下面介绍加密文件或文件夹的相关操作。

1. 文件加密

文件加密是一种根据要求在操作系统层自动地对写入存储介质的数据进行加密的技术。下面介绍文件加密的操作方法。

操作步骤 Step by Step

第1步 在打开的【文件夹加密超级大师】的程序窗口中，单击【文件加密】按钮，如图2-27所示。

图 2-27

第3步 弹出【请牢记您的加密密码】对话框，提示一些关于让用户牢记密码的相关信息，单击【我知道了】按钮，如图2-29所示。

图 2-29

第2步 弹出【请选择要加密的文件】对话框，①选择文件所在位置，②选择准备加密的文件，③单击【打开】按钮，如图2-28所示。

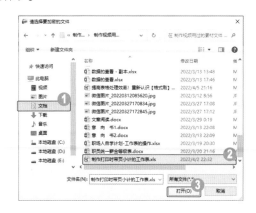

图 2-28

第4步 弹出【加密文件】对话框，①在【加密密码】文本框中，输入准备使用的密码，②在【再次输入】文本框中，输入确认密码，③单击【加密】按钮，如图2-30所示。

图 2-30

第 5 步 加密完成后会弹出一个对话框，提示 "成功完成"，单击 OK 按钮，如图 2-31 所示。

图 2-31

第 6 步 返回到【文件夹加密超级大师】主界面中，可以看到已经将选择的文件进行加密处理，单击该文件即可弹出【打开或解密文件】对话框，这样即可完成加密文件的操作，如图 2-32 所示。

图 2-32

✎ **知识拓展：文件加密类型**

文件夹加密超级大师有两种文件加密类型，包括金钻加密和移动加密。文件金钻加密方式，可以用来加密非常重要的文件。如果文件加密后，需要在其他的电脑上解密使用，可以选择文件移动加密类型。

2. 文件夹加密

和文件加密的方法相同，用户也可以对文件夹进行加密，从而对文件夹进行保密，加密后文件夹具有很高的加密强度。下面介绍文件夹加密的操作方法。

操作步骤   Step by Step

第 1 步 在打开的【文件夹加密超级大师】的程序窗口中，单击【文件夹加密】按钮 📁，如图 2-33 所示。

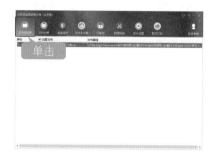

图 2-33

第 2 步 弹出【浏览文件夹】对话框，❶选择准备加密的文件夹，❷单击【确定】按钮，如图 2-34 所示。

图 2-34

第3步 弹出【加密文件夹】对话框，❶在【加密密码】文本框中，输入准备使用的密码，❷在【再次输入】文本框中，确认输入密码，❸单击【加密】按钮 加密 ，如图 2-35 所示。

图 2-35

第4步 返回到【文件夹加密超级大师】主界面中，可以看到已经将选择的文件夹进行了加密处理，单击该文件夹即可弹出【打开或解密文件】对话框，这样即可完成加密文件夹的操作，如图 2-36 所示。

图 2-36

✎ 专家解读

文件加密后，没有正确的密码无法解密。解密后，加密文件依然保持加密状态。

2.2.2 解密文件

将加密的文件或文件夹进行加密后，还可以将文件或文件夹进行解密。下面以解密文件夹为例，介绍解密文件夹的操作方法。

操作步骤   Step by Step

第1步 在打开的【文件夹加密超级大师】的程序窗口中，单击需要解密的文件，如图 2-37 所示。

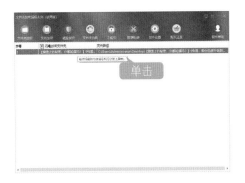

图 2-37

第2步 弹出【打开或解密文件夹】对话框，❶在【密码】文本框中，输入密码，❷单击【解密】按钮，如图 2-38 所示。

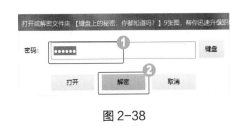

图 2-38

第3步 弹出一个对话框，显示"加密文件夹解密成功！"信息，单击OK按钮，如图2-39所示。

第4步 返回到主界面中，可以看到刚刚的加密文件夹已经不再显示了，通过上述方法即可完成解密文件夹的操作，如图2-40所示。

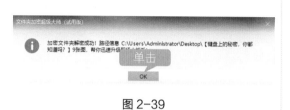

图 2-39

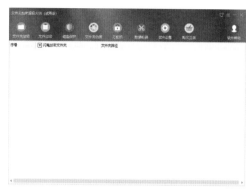

图 2-40

2.2.3 数据粉碎

数据粉碎可以彻底删除需要删除的文件和文件夹，是文件夹加密超级大师提供的一个安全辅助功能，并且粉碎删除后任何人无法通过数据恢复软件进行恢复。下面介绍数据粉碎文件的操作方法。

操作步骤
Step by Step

第1步 在打开的【文件夹加密超级大师】的程序窗口中，单击【数据粉碎】按钮，如图2-41所示。

第2步 弹出【浏览文件或文件夹】对话框，❶选择准备粉碎的文件，❷单击【确定】按钮，如图2-42所示。

图 2-41

图 2-42

第3步 弹出一个对话框，提示"您选定的文件将被不可恢复地粉碎删除，您确定吗？"，单击【是】按钮，如图2-43所示。

图 2-43

第4步 弹出【粉碎删除文件】对话框，显示删除进度，完成后会弹出一个对话框，提示"成功完成"信息，单击OK按钮即可完成数据粉碎的操作，如图2-44所示。

图 2-44

知识拓展：使用万能锁

启动【文件夹加密超级大师】软件，单击【万能锁】按钮，可以对NTFS格式的磁盘分区、文件和文件夹进行加锁或解锁操作，而且加锁后的磁盘分区、文件和文件夹将无法访问和进行任何操作。

2.2.4 **课堂范例——文件夹伪装**

文件夹伪装可以把文件夹伪装成回收站、CAB文件夹、打印机或其他类型的文件等，伪装后打开的是伪装的系统对象或文件而不是伪装前的文件夹。本例详细介绍文件夹伪装的操作方法。

<< 扫码获取配套视频课程，本节视频课程播放时长约为52秒。

操作步骤   Step by Step

第1步 在打开的【文件夹加密超级大师】的程序窗口中，单击【文件夹伪装】按钮，如图2-45所示。

第2步 弹出【浏览文件夹】对话框，❶选择准备伪装的文件夹，例如选择"视频封面PPT"文件夹，❷单击【确定】按钮，如图2-46所示。

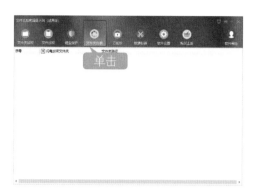

图 2-45

图 2-46

第 3 步 弹出【请选择文件夹的伪装类型】对话框，❶选择准备伪装文件的类型，例如选择"回收站"选项，❷单击【确定】按钮，如图 2-47 所示。

第 4 步 弹出"文件夹伪装成功"提示，单击 OK 按钮，如图 2-48 所示。

图 2-47

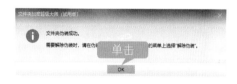

图 2-48

第 5 步 弹出一个对话框，提示"是否需要重启资源管理器，让伪装生效？"，单击【是】按钮，如图 2-49 所示。

第 6 步 打开该伪装文件所在的路径，可以看到"视频封面 PPT"文件夹已经伪装成回收站图标（见图 2-50），这样即可完成使用【文件夹加密超级大师】软件伪装文件夹的操作。

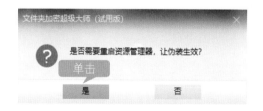

图 2-49

图 2-50

2.3 文件恢复——FinalData

FinalData是一款为硬盘文件打造的数据恢复工具。FinalData的作用是帮助用户恢复电脑里误删的文件，不管是不小心删除的文件还是被病毒感染的文件都可以恢复。FinalData还可以恢复手机、电脑硬盘、U盘、内存卡以及一切存储器中的数据。本节将详细介绍关于FinalData工具软件的使用方法。

2.3.1 恢复误删除的文件

当因操作失误不小心删除了电脑中的重要文件，可以使用FinalData软件对误删的文件进行恢复。下面介绍恢复误删除的文件的相关操作方法。

操作步骤 Step by Step

第1步 启动FinalData软件，单击【误删除文件】按钮，如图2-51所示。

图2-51

第2步 进入【请选择要恢复的文件和目录所在的位置】界面，❶选择准备要恢复误删除文件所在的位置，❷单击【下一步】按钮，如图2-52所示。

图2-52

第3步 进入【查找已经删除的文件】界面，可以看到程序正在扫描文件，用户需要在线等待一段时间，如图2-53所示。

第4步 进入【扫描结果】界面，显示扫描出来的信息，❶选择要恢复的文件，❷单击【下一步】按钮，如图2-54所示。

图 2-53

图 2-54

第 5 步 进入【选择恢复路径】界面，❶选择一个目录用来存放恢复出来的文件，❷单击【下一步】按钮，如图 2-55 所示。

第 6 步 系统会弹出【注册后即可恢复文件】对话框，完成注册后，即可将误删除的文件进行恢复，如图 2-56 所示。

图 2-55

图 2-56

2.3.2 恢复误清空回收站

FinalData 软件的"误清空回收站"功能可以自动分析回收站所在的路径，并支持恢复原来的文件名，快速恢复回收站中已清空的文件。下面详细介绍其操作方法。

操作步骤 Step by Step

第 1 步 启动 FinalData 软件，单击【误清空回收站】按钮，如图 2-57 所示。

第 2 步 进入【查找已经删除的文件】界面，可以看到 FinalData 正在扫描文件，用户需要在线等待一段时间，如图 2-58 所示。

图 2-57

图 2-58

第 3 步 进入【扫描结果】界面，显示扫描出来的信息，❶选择要恢复的文件，❷单击【下一步】按钮，如图 2-59 所示。

第 4 步 进入【选择恢复路径】界面，❶选择一个目录用来存放恢复出来的文件，❷单击【下一步】按钮，即可恢复误清空回收站中的文件，如图 2-60 所示。

图 2-59

图 2-60

2.4 PDF 文档阅读——Adobe Acrobat Pro DC

Adobe Acrobat Pro DC 软件是电子文档共享的全球标准，可以打开所有 PDF 文档并与之交互的 PDF 文件查看程序，用户使用它可以查看、搜索、数字签名、验证、打印 Adobe PDF 文件并进行协作。本节将详细介绍 Adobe Acrobat Pro DC 的相关知识及使用方法。

2.4.1 打开与阅读 PDF 文档

使用 Adobe Reader 软件的阅读模式查看文档，可以一目了然地查看文档的内容。下面详细介绍打开与阅读 PDF 文档的操作方法。

操作步骤　

第 1 步　启动 Adobe Acrobat Pro DC 软件，在菜单栏中选择【文件】→【打开】命令，如图 2-61 所示。

图 2-61

第 3 步　可以看到已经打开的 PDF 文档，这样即可完成打开 PDF 文档的操作，如图 2-63 所示。

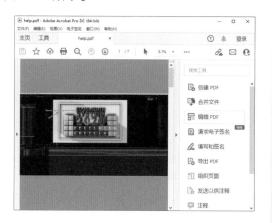

图 2-63

第 2 步　弹出【打开】对话框，❶选择准备打开的 PDF 文档，❷单击【打开】按钮，如图 2-62 所示。

图 2-62

第 4 步　在菜单栏中选择【视图】→【阅读模式】命令，如图 2-64 所示。

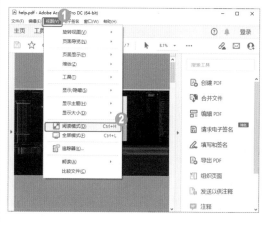

图 2-64

第 5 步 返回到软件主界面中，可以看到以阅读模式显示的文档文件，这样即可完成阅读 PDF 文档的操作，如图 2-65 所示。

■ 指点迷津

一般情况下，如果电脑中已经安装了 Adobe Reader 软件，则可以直接双击要打开的 PDF 格式文档来打开文件，或者启动 Adobe Reader 软件，选中要打开的文档，拖动至软件的文档界面即可。

图 2-65

2.4.2 设置页面显示方式和比例

Adobe Acrobat Pro DC 软件的页面显示方式包括单页视图、启用滚动、双页视图、双页滚动、显示页面之间的间隙和在双页视图中显示封面，有时候还需要设置文档页面的显示比例。下面以设置"双页视图"为例，详细介绍设置页面显示方式和比例的操作方法。

操作步骤   Step by Step

第 1 步 使用 Adobe Acrobat Pro DC 软件打开一个文档后，在菜单栏中选择【视图】→【页面显示】→【双页视图】命令，如图 2-66 所示。

第 2 步 返回到 Adobe Acrobat Pro DC 软件主界面，可以看到 PDF 文档以选择的方式显示，通过以上步骤即可完成设置页面显示方式的操作，如图 2-67 所示。

图 2-66

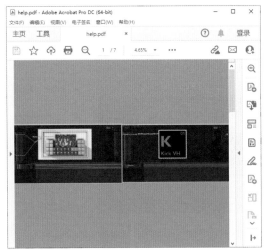

图 2-67

第3步 此时文档页面的显示比例为 10%，❶单击工具栏中【页面比例】下拉按钮▼，❷在弹出的下拉列表中，选择 100% 选项，如图 2-68 所示。

第4步 返回到软件主界面中，可以看到已经将文档文件的显示比例调整为 100%，这样即完成了设置文档页面显示比例的操作，如图 2-69 所示。

图 2-68

图 2-69

2.4.3 为 PDF 文档添加注释信息

日常工作中，我们使用 Adobe Acrobat Pro DC 软件阅读文件时，可以通过注释功能，留下自己的观点和看法，从而更方便日后查阅。下面详细介绍为 PDF 文档添加注释信息的操作方法。

操作步骤   Step by Step

第1步 使用 Adobe Acrobat Pro DC 软件打开一个文档后，在页面右侧的工具栏中，单击【注释】按钮，如图 2-70 所示。

第2步 系统会打开一个【注释】工具条，单击工具条中的【添加注释】按钮 💬，如图 2-71 所示。

图 2-70

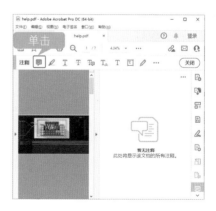

图 2-71

第3步 此时鼠标指针会变为 形状，将其移动到准备添加注释的文本上方并单击，如图 2-72 所示。

图 2-72

第5步 完成发布注释内容后，单击工具条中的【关闭】按钮，如图 2-74 所示。

图 2-74

第4步 此时在右侧会弹出一个文本框，❶用户可以在其中输入准备添加的注释内容，❷单击【发布】按钮，如图 2-73 所示。

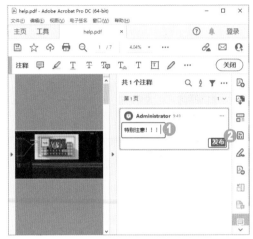

图 2-73

第6步 返回到软件主界面中，将鼠标指针移动到添加注释的位置处，会弹出一个提示框，显示添加的注释信息，这样即可完成为 PDF 文档添加注释信息的操作，如图 2-75 所示。

图 2-75

2.4.4 课堂范例——将 PDF 文件导出为 Word 文档

Word 文档是目前最常用的办公软件之一，用户使用 Word 软件编排文档，使得打印效果在屏幕上一目了然，怎么把 PDF 文件转换成 Word 文档是很多人在工作中遇到的问题。本例详细介绍将 PDF 文件导出为 Word 文档的操作方法。

<< 扫码获取配套视频课程、本节视频课程播放时长约为 39 秒。

配套素材路径：配套素材/第2章
素材文件名称：教程.pdf

操作步骤   Step by Step

第1步 打开本例的素材文件"教程.pdf"，在页面右侧的工具栏中，单击【导出 PDF】按钮，如图 2-76 所示。

图 2-76

第3步 弹出【另存为】对话框，❶设置导出文档所在的位置，❷设置文件名，❸单击【保存】按钮，如图 2-78 所示。

第2步 进入【导出 PDF】页面，❶选中 Microsoft Word 下的【Word 文档】单选按钮，❷单击【导出】按钮，如图 2-77 所示。

图 2-77

第4步 待文件导出完毕后，系统会自动打开该 Word 文档，这样即可完成将 PDF 文件导出为 Word 文档的操作，如图 2-79 所示。

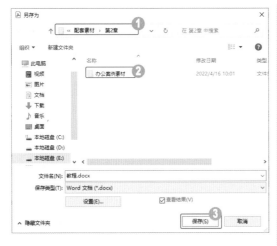

图 2-78　　　　　　　　　　　　　　图 2-79

📝 知识拓展

　　如果在计算机中同时安装了 Adobe Acrobat Pro DC 和 Word 软件，使用 Word 打开一个文档后，会在【开始】选项卡中自动添加一个 Adobe Acrobat 选项组，单击该选项组中的【创建并共享 Adobe PDF】按钮，即可快速将当前的 Word 文档转换为 PDF 文件。

2.5　实战课堂——添加 PDF 签名

　　使用 Adobe Acrobat Pro DC 还可以在 PDF 上添加"个性签名"，这样个人签名就能够伴随着 PDF 文档的传播展示给每个人，同时相当于给 PDF 加上了水印。本例将详细介绍使用 Adobe Acrobat Pro DC 添加 PDF 签名的操作方法。

<< 扫码获取配套视频课程，本节视频课程播放时长约为 52 秒。

　配套素材路径：配套素材/第2章
素材文件名称：中国传统法律文化的现代价值.pdf

操作步骤　　　　　　　　　　　　　　　　　　　　　　　　Step by Step

第1步　使用 Adobe Acrobat Pro DC 软件打开本例的素材文件"中国传统法律文化的现代价值.pdf"，在菜单栏中选择【电子签名】→【填写并自行签名】命令，如图 2-80 所示。

第2步　此时鼠标指针会变为 **IAb** 形状，将其移动至准备添加签名的位置处并单击，如图 2-81 所示。

图 2-80

第 3 步 此时会出现一个文本框，❶在其中输入准备添加的签名内容，并且用户还可以设置字体的大小，❷单击【下一步】按钮，如图 2-82 所示。

图 2-81

第 4 步 弹出【您希望进行什么操作？】提示框，❶选中【另存为只读副本】单选按钮，❷单击【继续】按钮，如图 2-83 所示。

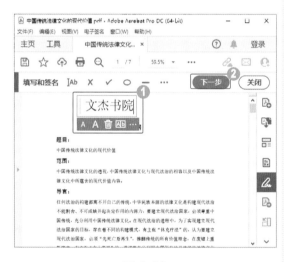

图 2-82

图 2-83

第 5 步 提示框消失，在上方的工具条中单击【关闭】按钮，如图 2-84 所示。

第 6 步 此时在 PDF 文档中即可看到最终添加的签名效果，这样即可完成使用 Adobe Acrobat Pro DC 添加 PDF 签名的操作，如图 2-85 所示。

图 2-84

图 2-85

知识拓展：使用签名工具丰富签名样式

在签名工具条中，用户还可以选择添加 X 形、钩形、圆形、线条、圆点和更改颜色等多种丰富的签名样式。

2.6 思考与练习

通过本章的学习，读者可以掌握文件管理与阅读的基本知识以及一些常见的操作方法。下面将针对本章知识点，有目的地进行相关知识的测试，从而达到巩固与提高的目的。

一、填空题

1. 使用 WinRAR 压缩软件，可以将电脑中保存的文件 _____，缩小文件的体积，便于存放和传输。

2. 在压缩文件的时候，如果不希望别人看到压缩文件里面的内容，可以使用 WinRAR 的加密功能为压缩文件添加 _____。

3. 在 WinRAR 中集成了分卷压缩的功能，在制作的时候能够将某个 _____，分卷压缩存放在任意指定的盘符中。

4. _____ 是一种可以不用借助任何压缩工具，而只需双击该文件就可以自动执行解压缩的文件，是压缩文件的一种。

5. _____ 是一种根据要求在操作系统层自动对写入存储介质的数据进行加密的技术。

6. Adobe Acrobat Pro DC 软件的页面显示方式包括 _____、启用滚动、_____、双页滚动、显示页面之间的间隙和在双页视图中显示封面，有时候为了工作的需求，还需要设置文档页面的显示比例。

二、判断题

1. 使用 WinRAR 工具软件可以把文件解压到指定目录中，从而方便查看和使用。（　　）

2. 数据粉碎可以彻底删除需要删除的文件和文件夹，是文件夹加密超级大师提供的一个安全辅助功能，并且粉碎删除后任何人无法通过数据恢复软件进行恢复。（　　）

3. 文件夹伪装可以把文件夹伪装成回收站、CAB 文件夹、打印机或其他类型的文件等，伪装后打开的是伪装的系统对象或文件而不是伪装后的文件夹。（　　）

4. 日常工作中，在我们使用 Adobe Acrobat Pro DC 软件阅读文件过程时，可以通过注释功能，记录下自己的观点和看法，从而更方便日后查阅。（　　）

三、简答题

1. 如何为压缩文件添加密码？

2. 如何进行数据粉碎？

3. 如何为 PDF 文档添加注释信息？

第3章

图像浏览与编辑处理

本章要点

- 查看图片——ACDSee
- 图像编辑——光影魔术手
- 图片压缩与制作电子相册
- 美图秀秀

本章主要
内容

　　本章主要介绍了查看图片、图像编辑、图片压缩与制作
电子相册方面的知识与技巧，在本章的最后还针对实际的
工作需求，讲解了使用美图秀秀的相关操作方法。通过对本
章内容的学习，读者可以掌握图像浏览与编辑处理方面的知
识，为深入学习计算机常用工具软件知识奠定基础。

3.1 查看图片——ACDSee

ACDSee（ACDSee Photo Manager）是一款功能强大的数字图像处理软件。它提供了良好的操作界面、人性化的操作方式、优质的快速图形解码方式、支持丰富的图形格式和强大的图形文件管理功能等。本节将详细介绍 ACDSee 软件的相关知识及使用方法。

3.1.1 浏览图片

使用 ACDSee 看图软件可以很方便、快捷地浏览各种图形图像。下面详细介绍使用 ACDSee 浏览图片的操作方法。

操作步骤 Step by Step

第1步 打开 ACDSee 软件，在菜单栏中选择【文件】→【打开】命令，如图 3-1 所示。

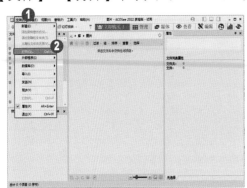

图 3-1

第3步 图片在 ACDSee 中被打开，通过以上步骤即可完成使用 ACDSee 浏览图片的操作，如图 3-3 所示。

■ 指点迷津

使用 Windows 10 中自带的"Windows 照片查看器"软件，也可以浏览图片，该软件小巧简单，功能相对也较为有限。

第2步 弹出【打开文件】对话框，❶选择要打开的图片，❷单击【打开】按钮，如图 3-2 所示。

图 3-2

图 3-3

3.1.2 图片批量重命名

使用 ACDSee 看图软件，用户可以十分便捷地对各种图形图像快速批量重命名。下面介绍使用 ACDSee 看图软件，对图片批量重命名的操作方法。

操作步骤 Step by Step

第1步 启动 ACDSee 软件，❶在【文件夹】任务窗格中展开图片所在的文件夹，❷选中准备进行批量重命名的图片，如图 3-4 所示。

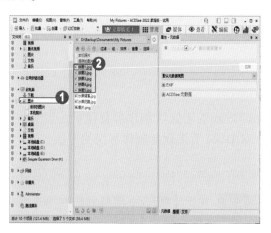

图 3-4

第2步 在菜单栏中选择【编辑】→【重命名】命令，如图 3-5 所示。

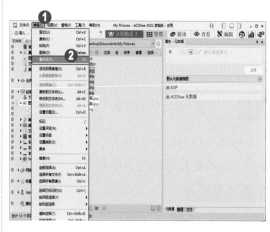

图 3-5

第3步 弹出【重命名】对话框，❶切换到【模板】选项卡，❷在【模板】文本框中输入要更改的名字，在右侧的【预览】区域下方会显示更改名字前后的名称预览，❸单击【重命名】按钮，如图 3-6 所示。

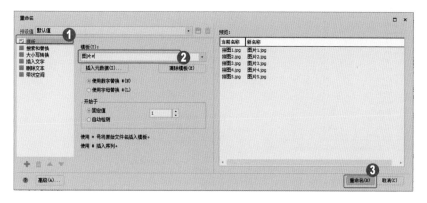

图 3-6

第4步 弹出【批量重命名结果】对话框，显示批量重命名的结果，单击【关闭】按钮即可完成图片批量重命名的操作，如图 3-7 所示。

图 3-7

3.1.3 设置图片为屏保

使用 ACDSee 看图软件，用户还可以使用 ACDSee 看图软件制作屏幕保护。设置屏幕保护可以延长显示器的使用寿命。下面介绍使用 ACDSee 看图软件制作屏保的方法。

操作步骤　Step by Step

第1步 启动 ACDSee 软件，在菜单栏中选择【工具】→【配置屏幕保护程序】命令，如图 3-8 所示。

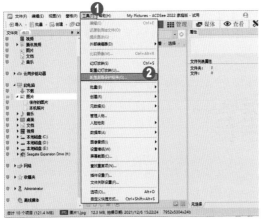

图 3-8

第2步 弹出【ACDSee 屏幕保护程序】对话框，在【选择的图像】区域下方，单击【添加】按钮，如图 3-9 所示。

图 3-9

第 3 步 弹出【选择项目】对话框，❶在【文件夹】任务窗格中，选择图片存储的目录，❷在【可用的项目】区域中，选择准备应用的图片，❸单击【添加】按钮，❹在【选择的项目】区域中，单击【全选】按钮，❺单击【确定】按钮，如图 3-10 所示。

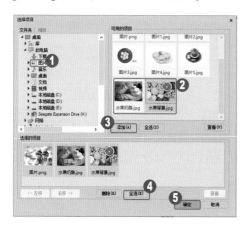

图 3-10

第 5 步 进入下一个界面，❶切换到【基本】选项卡，❷设置准备应用的转场效果，❸单击【确定】按钮，即可完成设置图片为屏保的操作，如图 3-12 所示。

■ 指点迷津

在 Windows 10 操作系统中，用户还可以右击桌面，在弹出的快捷菜单中选择【个性化】命令，打开【设置】对话框，切换到【锁屏界面】选项卡，然后单击最下方的【屏幕保护程序设置】超链接，即可弹出【屏幕保护程序设置】对话框，用户即可在该对话框中设置详细的屏幕保护程序。

第 4 步 返回到【ACDSee 屏幕保护程序】对话框，在【选择的图像】区域下方，可以看到已经选择哪些图片应用为屏保，单击【配置】按钮，如图 3-11 所示。

图 3-11

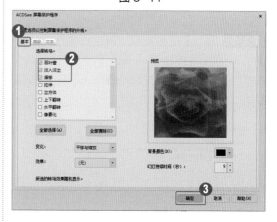

图 3-12

3.1.4 批量旋转图片

通常，用户把一些图片放入电脑以后，发现图片的方向不是需要的方向，可以通过旋转的方式校正图片的方向。如果有很多图片需要校正，可以使用 ACDSee 批量旋转图片，下面详细介绍其操作方法。

操作步骤

第1步 启动 ACDSee 软件，❶在【文件夹】任务窗格中展开图片所在的文件夹目录，❷按 Ctrl 键，同时在【缩略图】任务窗格中选择准备批量旋转的图片，如图 3-13 所示。

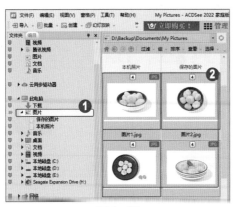

图 3-13

第3步 弹出【批量旋转/翻转图像】对话框，❶在左侧区域单击准备翻转的方向按钮，如单击【逆时针 90°】按钮，❷单击【开始旋转】按钮，如图 3-15 所示。

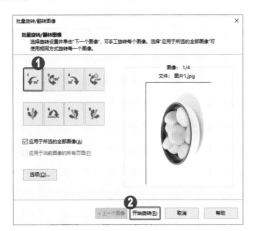

图 3-15

第2步 在菜单栏中选择【工具】→【批量】→【旋转/翻转】命令，如图 3-14 所示。

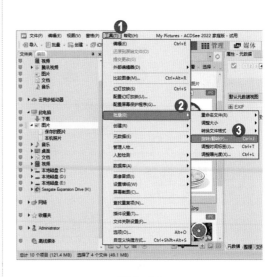

图 3-14

第4步 弹出【正在旋转文件】对话框，用户需要在线等待一段时间，旋转完成后，单击【完成】按钮，如图 3-16 所示。

图 3-16

第 5 步 返回到 ACDSee 应用程序主界面，可以看到已经将所选择的图片进行批量旋转，这样就完成了批量旋转图片的操作，如图 3-17 所示。

■ **指点迷津**

在【批量旋转／翻转图像】对话框中，单击【选项】按钮，即可弹出【批量图像旋转／翻转选项】对话框，用户可以在该对话框中详细地设置图像翻转的各种参数。

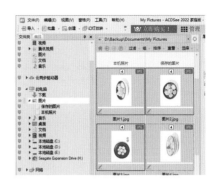

图 3-17

3.1.5 课堂范例——编辑图片

使用 ACDSee 软件中的编辑工具，可以为图片打造令人惊艳的专业效果，并且原始图片会始终妥善保存，因此随时都可以重新开始编辑图片。本例以将图片添加晕影效果为例，介绍编辑图片的操作方法。

<< 扫码获取配套视频课程，本节视频课程播放时长约为 1 分 00 秒。

配套素材路径：配套素材/第3章
素材文件名称：梨花.jpg

操作步骤

第 1 步 启动 ACDSee 软件，❶在【文件夹】任务窗格中，展开图片所在的文件夹目录，❷选中要编辑的素材图片"梨花 .jpg"，如图 3-18 所示。

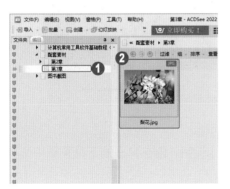

图 3-18

第 2 步 在控制按钮区域的下方，单击【编辑】按钮，如图 3-19 所示。

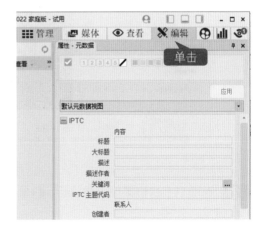

图 3-19

第3步 弹出【滤镜菜单】选项板，❶单击【添加】折叠按钮，❷在弹出的折叠菜单中选择【晕影】命令，如图 3-20 所示。

图 3-20

第4步 弹出【晕影】选项板，❶设置预设参数，❷在【形状】区域中选中【圆形】单选按钮，在右侧图像预览区域用户可以预览效果，❸单击【完成】按钮，如图 3-21 所示。

图 3-21

第5步 返回到【滤镜菜单】选项板，❶单击【保存】按钮，❷在弹出的下拉菜单中选择【另存为】命令，如图 3-22 所示。

图 3-22

第 6 步 弹出【图像另存为】对话框，❶设置图像保存位置，❷设置文件名，❸单击【保存】按钮，如图 3-23 所示。

第 7 步 返回到上一界面，此时可以看到在右侧图像预览区域显示"已保存的图像"信息，单击【完成】按钮，即可完成添加晕影效果编辑图片的操作，如图 3-24 所示。

图 3-23

图 3-24

3.2 图像编辑——光影魔术手

光影魔术手是一个对数码照片画质进行改善及效果处理的软件。光影魔术手软件不需要任何专业的图像技术，就可以制作出专业胶片摄影的色彩效果，该软件拥有近五十种一键特效，用户可以自行调整选择，非常简单方便。本节将详细介绍使用光影魔术手软件的方法。

3.2.1 给照片添加水印

使用光影魔术手软件，用户可以给照片添加水印。给照片添加水印既可以保护作品的版权，又可以使照片更加美观。下面介绍给照片添加水印的操作方法。

操作步骤　　　　　　　　　　　　　　　　　　　　　　　　　　　Step by Step

第1步 启动光影魔术手软件，打开准备添加水印的照片，❶单击右上角的【水印】按钮，❷单击【添加水印】按钮，如图 3-25 所示。

第2步 弹出【打开】对话框，❶选择准备作为水印的图片，❷单击【打开】按钮，如图 3-26 所示。

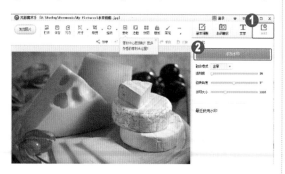

图 3-25

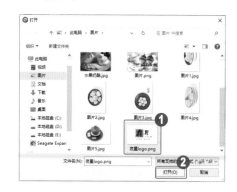

图 3-26

第3步 返回到软件主界面中，❶此时可以拖动鼠标将所选择的水印图片移动到合适的位置处，❷可以设置透明度、旋转角度、水印大小等参数，❸单击【保存】按钮，如图 3-27 所示。

第4步 通过以上步骤即可完成给照片添加水印的操作，效果如图 3-28 所示。

图 3-27

图 3-28

3.2.2 使用照片模板

光影魔术手软件提供了丰富的照片模板，用户可以给照片加上各种精美的边框，制作个性化的相片效果．下面详细介绍使用照片模板的操作方法。

操作步骤

第1步 打开准备应用模板的照片，❶单击【模板】按钮，❷在弹出的下拉菜单中选择【记忆的色彩】命令，如图 3-29 所示。

第2步 可以看到添加"记忆的色彩"模板的效果，通过以上步骤即可完成使用照片模板的操作，如图 3-30 所示。

图 3-29

图 3-30

3.2.3 人像美容

光影魔术手软件拥有多种丰富的数码暗房特效，可以轻松制作出丰富多彩的照片风格。光影魔术手软件可以自动识别人像的皮肤，把粗糙的毛孔磨平，令肤质更细腻白皙，同时用户可以选择加入柔光的效果，使人像产生朦胧美。下面详细介绍使用光影魔术手软件进行人像美容的操作方法。

操作步骤

第1步 在光影魔术手软件中打开准备进行人像美容的照片，❶单击右上角的【数码暗房】按钮，❷切换到【人像】选项卡，❸选择【人像美容】选项，如图 3-31 所示。

第2步 进入【人像美容】界面，❶用户可以分别调节【磨皮力度】、【亮白】、【范围】参数进行人像美容，❷调整完成后单击【确定】按钮，如图 3-32 所示。

图 3-31

图 3-32

第3步 返回到图片编辑区，可以看到使用人像美容的照片效果，这样即可完成使用光影魔术手软件对人像进行美容处理，如图 3-33 所示。

■ 指点迷津

可以利用光影魔术手软件的【去斑】功能，对人像的色斑、黑痣等斑点进行精细磨皮，使照片的效果更佳。

图 3-33

知识拓展：一键设置照片效果

在光影魔术手软件中，在右侧栏单击【基本调整】按钮，在【一键设置】下拉菜单中，可以为照片添加【自动美化】、【自动曝光】、【自动白平衡】、【一键模糊】、【一键锐化】、【严重白平衡】、【一键补光】、【一键减光】或【高 ISO 降噪】等效果。

3.2.4 制作证件照

光影魔术手软件的证件照排版功能可以很方便地进行证件照排版，支持身份证、大头照、护照照片排版等，还可以进行 1 寸 2 寸混排、多人混排等排版方式。下面介绍证件照排版的操作方法。

操作步骤　　　　　　　　　　　　　　　　　　　　Step by Step

第 1 步　在光影魔术手软件中打开准备制作证件照的照片，❶单击右上角的【更多】按钮，❷在弹出的下拉列表中选择【排版】选项，如图 3-34 所示。

图 3-34

第 3 步　返回到 ACDSee 软件的主界面中，可以看到排版后的证件照效果，单击【保存】按钮即可完成制作证件照的操作，如图 3-36 所示。

■ **指点迷津**

在对证件照进行排版操作时，可以在菜单栏中选择【排版】命令，弹出【照片冲印排版】对话框，在【请指定照片的显示区域】调整框中，使用鼠标移动显示框的位置，来调整要显示的照片区域。

第 2 步　弹出【照片冲印排版】对话框，❶指定照片的显示区域，❷选择排版样式，❸单击【确定】按钮，如图 3-35 所示。

图 3-35

图 3-36

55

3.2.5　为照片添加文字

在制作图片的时候，通常会在图片上添加文字，让制作的图片看起来更生动。下面详细介绍使用光影魔术手软件为照片添加文字的操作方法。

在光影魔术手软件中打开照片，首先单击右上角的【文字】按钮，然后在【文字】文本框中输入准备添加的文本内容，接着设置文字的字体样式、字体大小、字体颜色和透明度等参数，移动添加的文本到合适的位置处，最后单击【保存】按钮，即可完成为照片添加文字的操作，如图3-37所示。

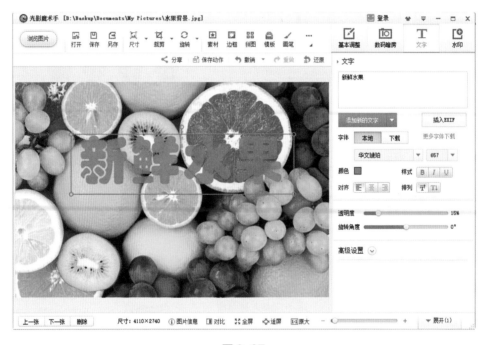

图3-37

3.2.6　课堂范例——批量处理照片

光影魔术手软件可以将一张图片上的历史操作，保存为模板后一键应用到所有图片上，同时使用光影魔术手软件还可以快速批量处理海量图片，能够对图片进行批量调整尺寸和添加文字、水印、边框等各种特效。下面以批量添加文字为例，介绍批量处理照片的操作方法。

＜＜ 扫码获取配套视频课程，本节视频课程播放时长约为1分26秒。

配套素材路径：配套素材/第3章

素材文件名称："批量处理照片"文件夹

操作步骤

第1步 启动光影魔术手软件，❶单击右上角的【更多】按钮，❷在弹出的下拉列表框中选择【批处理】选项，如图 3-38 所示。

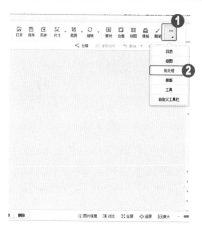

图 3-38

第3步 弹出【打开】对话框，❶选择准备进行批处理的素材图片，❷单击【打开】按钮，如图 3-40 所示。

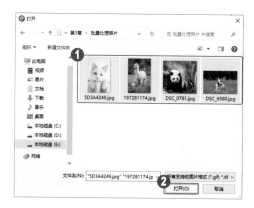

图 3-40

第5步 进入【第二步：动作设置】界面，在【请添加批处理动作】区域，单击【添加文字】按钮，如图 3-42 所示。

第2步 弹出【批处理】对话框，单击【添加】按钮，如图 3-39 所示。

图 3-39

第4步 返回【批处理】对话框，单击【下一步】按钮，如图 3-41 所示。

图 3-41

第6步 弹出【添加文字】对话框，❶在【请输入文字】文本框中输入要添加的文字，❷设置字体样式及大小，❸单击【确定】按钮，如图 3-43 所示。

图 3-42

第7步 返回到【批处理】对话框，单击【下一步】按钮，如图 3-44 所示。

图 3-44

第9步 弹出【请选择文件保存位置】对话框，❶选择批处理后照片输出的文件夹，❷单击【选择文件夹】按钮，如图 3-46 所示。

图 3-43

第8步 进入【第三步：输出设置】界面，在【输出路径】区域，单击【浏览】按钮，如图 3-45 所示。

图 3-45

第10步 返回到【批处理】对话框中，单击【开始批处理】按钮，如图 3-47 所示。

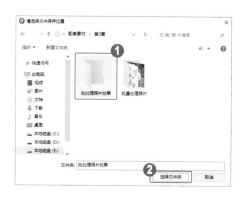

图 3-46

图 3-47

第11步 弹出【批处理】对话框，提示"批处理完成，成功处理 4 张图片！"信息，单击【查看】按钮，如图 3-48 所示。

图 3-48

第12步 可以看到选择的这些图片已经被批量添加了文字，这样即可完成批量处理照片的操作，如图 3-49 所示。

图 3-49

3.3 图片压缩与制作电子相册

电脑中的图片如果太多，用户可以使用一些应用软件将图片进行压缩，或用来制作电子相册，从而方便整理电脑中的图片，并使得电脑硬盘整洁。本节将详细介绍图片压缩与制作电子相册的相关知识及操作方法。

3.3.1 使用 Image Optimizer 压缩图片

Image Optimizer 是一款功能强大的图片压缩软件，采用独特的 Magi Compress 压缩技术可以将多种格式的图像进行压缩，保证图像质量，最多可减少一半的大小，支持 JPG、GIF、PNG、BMP、TIF 等多种主流图片格式。下面详细介绍使用 Image Optimizer 压缩图片的操作方法。

第1步 启动 Image Optimizer 软件，单击左上角的【打开】按钮，如图 3-50 所示。

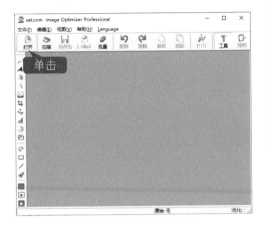

图 3-50

第2步 弹出 Open 对话框，❶选择准备进行压缩的图片，❷单击【打开】按钮，如图 3-51 所示。

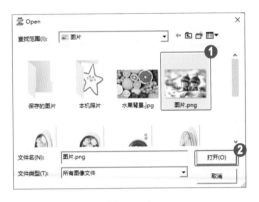

图 3-51

第3步 打开图片，同时弹出【图像增强】对话框，❶选择【亮度/对比度/伽马】选项，❷设置亮度、对比度、伽马值来优化图片颜色，如图 3-52 所示。

第4步 ❶单击左侧的【压缩图像】按钮，❷在弹出的【压缩图像】对话框中设置文件类型，❸单击【自动压缩】按钮，如图 3-53 所示。

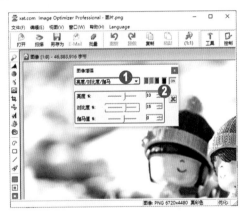

图 3-52

图 3-53

第5步 ❶单击【另存为】按钮，❷弹出【保存优化的图像为】对话框，设置保存位置，❸设置保存文件名，❹单击【保存】按钮，如图 3-54 所示。

第6步 此时打开压缩图片所在的目录，可以看到压缩前后的图片大小会差别很大，这样即可完成使用 Image Optimizer 压缩图片的操作，如图 3-55 所示。

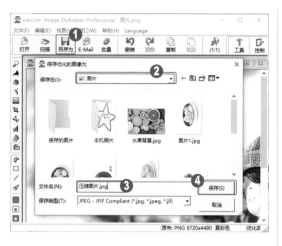

图 3-54

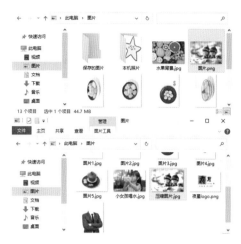

图 3-55

3.3.2 艾奇 KTV 电子相册制作软件

艾奇 KTV 电子相册制作软件是一款制作视频电子相册的免费软件。艾奇 KTV 电子相册制作软件操作简单，只需要将图片和音乐文件添加到软件中就可以开始制作相册。另外，艾奇 KTV 电子相册制作软件还支持多种输入输出格式、支持光盘制作、分享到视频网站等，为用户带来高效便捷的使用体验。下面详细介绍使用艾奇 KTV 电子相册制作软件的操作方法。

操作步骤

Step by Step

第 1 步 启动艾奇 KTV 电子相册制作软件，单击【添加图片】按钮，如图 3-56 所示。

图 3-56

第 2 步 弹出【添加图片】对话框，❶选择准备进行制作相册的图片，❷单击【打开】按钮，如图 3-57 所示。

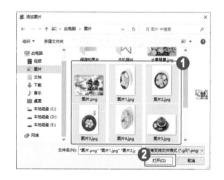

图 3-57

第3步 返回到软件主界面，可以看到已经添加了选择的图片到软件中，用户可以调整图片的排序，单击【添加音乐】按钮，如图3-58所示。

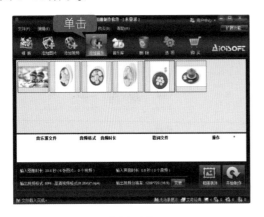

图3-58

第5步 返回到软件主界面，可以看到已经添加了选择的音乐文件，单击【开始制作】按钮，如图3-60所示。

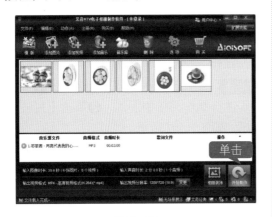

图3-60

第7步 进入【视频相册制作中】界面，用户需要等待一段时间，如图3-62所示。

第4步 弹出【打开】对话框，❶选择准备添加的音乐文件，❷单击【打开】按钮，如图3-59所示。

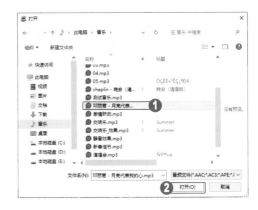

图3-59

第6步 弹出【输出设置】对话框，❶根据需要设置制作策略，❷设置输出方式，❸在【视频设置】区域下方根据需要添加项目，❹设置文件名，❺单击【开始制作】按钮，如图3-61所示。

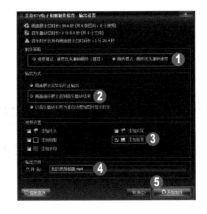

图3-61

第8步 弹出对话框，提示"视频相册制作完毕！"信息，单击【确定】按钮，如图3-63所示。

图 3-62

图 3-63

第 9 步 打开输出目录，可以看到已经制作好的视频相册，如图 3-64 所示。

第 10 步 打开该视频相册可以预览最终的制作效果，这样即可完成使用艾奇 KTV 电子相册制作软件的操作，如图 3-65 所示。

图 3-64

图 3-65

✎ **专家解读：图片编辑设置**

在艾奇 KTV 电子相册制作软件中，双击添加到列表中的图片缩略图，可以进入【图片编辑】对话框。在该对话框中，可以为图片设置图片过渡效果、滤镜、添加文字、点缀图、画中画和加边框，让制作出的相册更加美观。

3.4 美图秀秀

美图秀秀由美图公司研发推出，是一款免费图片处理软件，比 Adobe Photoshop 简单很多。具有图片特效、美容、拼图、场景、边框、饰品等功能，加上每天更新的精选素材，可以让用户 1 分钟就可做出影楼级照片。本节将详细介绍美图秀秀的相关知识及使用方法。

3.4.1 调整亮度，丰富细节

亮度适中的照片通常都能达到更好的欣赏效果，得到用户的好评，而亮度过高或过低都会给照片带来诸多的损害，使用美图秀秀可以轻松地调整亮度，从而让发布的照片细节丰富、颜色亮丽。下面详细介绍其操作方法。

操作步骤　　　　　　　　　　　　　　　　　　　　Step by Step

第1步 启动美图秀秀软件，选择主界面中的【美化图片】选项卡，进入【美化图片】界面中，单击【打开图片】按钮，如图3-66所示。

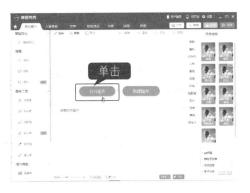

图 3-66

第2步 弹出【打开图片】对话框，❶选择准备进行调节亮度的图片，❷单击【打开】按钮，如图3-67所示。

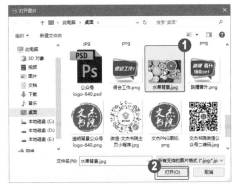

图 3-67

第3步 可以看到选择的图片已被打开到【美化图片】界面中，单击左侧【增强】栏下的【光效】按钮，如图3-68所示。

图 3-68

第4步 进入【光效】界面，使用鼠标拖动【亮度】滑块至合适的位置，可以看到此时的图片更加饱和且富有细节，然后单击界面下方的【应用当前效果】按钮，即可完成亮度调整，如图3-69所示。

图 3-69

3.4.2 背景虚化，富有层次

美图秀秀的背景虚化功能是非常有特色的功能，会显得图片中的主体更有层次，也会让人眼前一亮，给人一种新鲜感，能够更好地引起大家的注意。下面详细介绍其操作方法。

第1步 进入美图秀秀的【美化图片】界面，打开准备虚化的图片，然后单击界面左侧【细节调整】栏下的【背景虚化】按钮，如图 3-70 所示。

图 3-70

第3步 返回到【美化图片】界面，可以看到虚化后的照片效果，主体部分会更加突出，单击右上角的【保存】按钮，如图 3-72 所示。

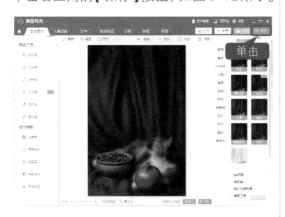

图 3-72

第2步 进入【背景虚化】界面，设置画笔大小以及虚化力度，然后使用圆圈画出主体部分，单击下方的【应用当前效果】按钮，如图 3-71 所示。

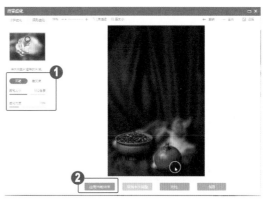

图 3-71

第4步 弹出【保存】对话框，设置保存路径、文件名与格式、画质调整等选项，最后单击【保存】按钮，即可完成背景虚化的操作，如图 3-73 所示。

图 3-73

3.4.3 智能特效，更有特色

通过美图秀秀的智能特效功能，用户只需要使用鼠标一点就可以制作出专业的照片特效，使照片更有特色。下面详细介绍其操作方法。

操作步骤

第1步 进入美图秀秀的【美化图片】界面，打开准备编辑的图片，❶在右侧的【特效滤镜】区域中，选择准备使用的特效选项，这里选择【质感】选项，❷选择准备应用的特效，如选择"味蕾之旅"，如图 3-74 所示。

第2步 此时在面板中就可以看到智能美化后的图片效果，并且会弹出一个【透明度】调节框，❶根据需要进行调节，❷单击【确定】按钮即可完成智能特效的操作，如图 3-75 所示。

图 3-74

图 3-75

3.4.4 拼图功能，多彩效果

拼图就是将不同的图片进行拼合排列，利用美图秀秀中的拼图功能，用户可以进行单色背景的拼图处理，也可以为其添加相应的背景，制作出多彩的拼图效果。

操作步骤

第1步 进入美图秀秀的【美化图片】界面，打开准备编辑的图片，切换到【拼图】选项卡，如图 3-76 所示。

第2步 进入拼图界面，在左侧的【拼图】栏下单击【自由拼图】按钮，如图 3-77 所示。

图 3-76

图 3-77

第 3 步 打开【拼图】窗口，自动应用系统相应的背景，用户还可以单击右侧的背景样式更换拼图背景，如图 3-78 所示。

图 3-78

第 5 步 弹出【打开多张图片】对话框，❶选择准备添加的多张图片，❷单击【打开】按钮，如图 3-80 所示。

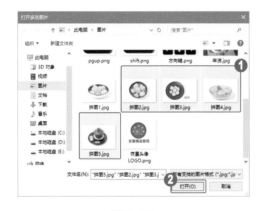

图 3-80

第 7 步 用户还可以单击【随机排版】按钮，让图片进行随机排列，如图 3-82 所示。

第 4 步 在【拼图】窗口中，在左侧的【图片设置】栏下单击【添加图片】按钮，如图 3-79 所示。

图 3-79

第 6 步 打开了多张图片，拖动图片到合适的位置，如图 3-81 所示。

图 3-81

第 8 步 在图片编辑区中，选中某一张图片，会弹出【图片设置】对话框，在这里可以设置透明度、旋转角度、图片大小、描边、描边颜色、阴影等，如图 3-83 所示。

图 3-82

第9步 完成设置后单击【保存】按钮，如图 3-84 所示。

图 3-83

第10步 弹出【保存】对话框，设置保存路径、文件名与格式、画质调整等，最后单击【保存】按钮，即可完成拼图效果的操作，如图 3-85 所示。

图 3-84

图 3-85

3.4.5 添加文字，进行说明

在美图秀秀中，用户可以根据需要给照片添加文字，从而对照片进行说明，同时也能起到修饰的作用。下面详细介绍其操作方法。

操作步骤

Step by Step

第1步 进入美图秀秀主界面，切换到【文字】选项卡，单击【打开图片】按钮，打开准备进行编辑的图片，如图 3-86 所示。

第2步 打开图片后，单击左侧的【输入文字】按钮，如图 3-87 所示。

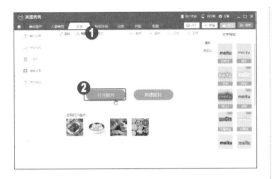

图 3-86

图 3-87

第3步 弹出【文字编辑】对话框，❶在上面的文本框中输入准备添加的文字内容，❷在下方设置字体、样式、字号、颜色等，❸单击【确定】按钮，如图 3-88 所示。

第4步 返回到文字编辑界面，将文字移动到图片上，并且选择"荧光 3"效果，这样即可完成添加文字的操作，如图 3-89 所示。

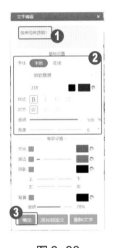

图 3-88

图 3-89

3.4.6 制作边框，点缀图片

使用美图秀秀在编辑图片时，为了使图片更加精美，还可以为图片添加漂亮的边框作为修饰。下面详细介绍其操作方法。

操作步骤 Step by Step

第1步 进入美图秀秀主界面，切换到【边框】选项卡，然后打开准备进行编辑的图片，如图 3-90 所示。

第2步 打开图片后，用户可以在左侧选择准备制作的边框类型，这里选择【简单边框】选项，如图 3-91 所示。

图 3-90

图 3-91

第3步 打开【边框】窗口，在右侧的边框样式中，选择准备制作的边框样式，如图 3-92 所示。

第4步 单击【应用当前效果】按钮，通过以上步骤即可完成制作边框的操作，效果如图 3-93 所示。

图 3-92

图 3-93

3.5 实战课堂——将黑发变为金发

　　随心情变换发色对年轻人来说再平常不过了，要充分显示自己的个性，就要配合服饰和妆容来改变头发的颜色，可是想选一个适合自己的发色也得靠多番尝试，为了避免伤害头发，可以使用美图秀秀软件的染发功能快速预览适合自己的发色。本例详细介绍将黑发变为金发的操作方法。

　　<<扫码获取配套视频课程，本节视频课程播放时长约为 49 秒。

配套素材路径：配套素材/第3章
素材文件名称：小女孩喝水.jpg

操作步骤

第1步 启动美图秀秀应用软件，打开本例准备进行染发的图片"小女孩喝水.jpg"，❶切换到【人像美容】选项卡，❷单击界面左侧【头部调整】栏下的【染发】按钮 ，如图 3-94 所示。

图 3-94

第3步 返回到【人像美容】界面中，可以看到已经将该图片进行染发处理，单击【保存】按钮即可完成染发的操作，如图 3-96 所示。

■ 指点迷津

在【染发】对话框中，用户可以选择【橡皮擦】选项卡，设置橡皮擦大小后，可以对多余染出的地方进行涂抹擦除。

第2步 弹出【染发】对话框，❶切换到【画笔】选项卡，❷设置【染发笔大小】和【透明度】参数，❸选择染发颜色，❹在头发部位涂抹需要染发的区域，❺设置完成后单击【应用当前效果】按钮，如图 3-95 所示。

图 3-95

图 3-96

3.6 思考与练习

通过本章的学习，读者可以掌握图像浏览与编辑处理的知识以及一些常见的操作方法。下面将针对本章知识点，有目的地进行相关知识测试，以达到巩固与提高的目的。

一、填空题

1. 使用光影魔术手软件，用户可以给照片添加水印。给照片添加水印既可以保护作品的_____，又可以使照片更加美观。

2. 光影魔术手软件拥有多种丰富的_____特效，可以轻松制作出丰富多彩的照片风格。

二、判断题

1. 用户可以使用 ACDSee 看图软件制作屏幕保护，设置屏幕保护可以延长显示器的使用寿命。（   ）

2. 光影魔术手证件照排版功能可以很方便地进行证件照排版，支持身份证、大头照、护照照片排版等，还可以进行 1 寸 5 寸混排、多人混排等排版方式。（   ）

三、简答题

1. 如何使用 ACDSee 批量旋转图片？
2. 如何使用光影魔术手制作证件照？

第4章

娱乐视听工具软件

本章要点

- 多媒体播放——Windows Media Player
- 播放视频——暴风影音
- 音频播放——酷狗音乐
- 电脑录音软件

本章主要
内容

本章主要介绍了使用Windows Media Player、暴风影音、酷狗音乐方面的知识与技巧，在本章的最后还针对实际的工作需求，讲解了使用电脑录音软件的方法。通过对本章内容的学习，读者可以掌握使用娱乐试听工具软件方面的知识，为深入学习计算机常用工具软件知识奠定基础。

4.1 多媒体播放——Windows Media Player

Windows Media Player，是微软公司出品的一款免费的播放器，是 Microsoft Windows 的一个组件，通常简称 WMP，可以播放 MP3、WMA、WAV 等音频文件。本节将详细介绍多媒体播放——Windows Media Player 的相关知识。

4.1.1 播放电脑中的音乐和视频

使用 Windows Media Player，可以高品质地播放电脑中的本地音乐和视频。下面介绍使用 Windows Media Player 播放电脑中的音乐和视频的操作方法。

操作步骤　　　　　　　　　　　　　　　　　　　　　　　　Step by Step

第1步 启动 Windows Media Player 软件后，单击【组织】下拉按钮，在弹出的下拉菜单中选择【布局】→【显示菜单栏】命令，如图 4-1 所示。

第2步 系统会显示出一个菜单栏，然后在菜单栏中选择【文件】→【打开】命令，如图 4-2 所示。

图 4-1

图 4-2

第3步 弹出【打开】对话框，❶选择准备播放的歌曲，❷单击【打开】按钮，如图 4-3 所示。

第4步 返回 Windows Media Player 主界面，可以看到歌曲正在播放，这样即可完成使用 Windows Media Player 播放歌曲的操作，如图 4-4 所示。

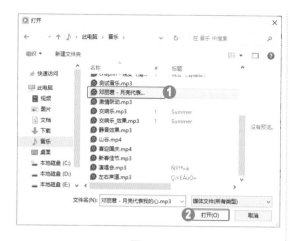

图 4-3

图 4-4

第5步 使用上面的方法，用户同样可以播放电脑中的视频，播放画面如图 4-5 所示。

■ 指点迷津

用户还可以右击要播放的音乐文件，在弹出的快捷菜单中选择【打开方式】→ Windows Media Player 命令来播放音乐。

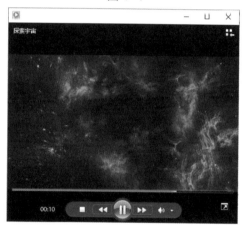

图 4-5

4.1.2 创建播放列表

播放列表可以适应不同的场合，可以将播放的文件分类整理存放来欣赏不同风格的音乐。播放列表可以循环重复播放，也可以按随机次序播放。下面详细介绍创建播放列表的操作方法。

操作步骤

Step by Step

第1步 启动 Windows Media Player，在菜单栏中选择【文件】→【创建播放列表】命令，如图 4-6 所示。

第2步 弹出【新建播放列表】文本框，输入准备使用的播放列表名称，如"流行歌曲"，按 Enter 键即可完成创建播放列表的操作，如图 4-7 所示。

图 4-6

图 4-7

4.2 播放视频——暴风影音

暴风影音是一款媒体播放软件，该播放器优化了解码方案，让用户浏览视频更加清晰，并且支持的视频格式更加多样，包括 MPEG4、FLV 和 WMV 等格式，同时大幅降低了系统资源占用。本节将详细介绍使用暴风影音进行播放视频的相关知识。

4.2.1 使用暴风影音播放媒体文件

使用暴风影音可以快速播放电脑中的媒体文件。下面以播放"探索宇宙.mp4"视频文件为例，详细介绍使用暴风影音播放媒体文件的操作方法。

操作步骤   Step by Step

第1步 启动【暴风影音】播放器，在主界面的播放区域中，单击【打开文件】按钮，如图 4-8 所示。

第2步 弹出【打开】对话框，❶选择媒体文件所在位置，❷选择准备播放的媒体文件，❸单击【打开】按钮，如图 4-9 所示。

图 4-8

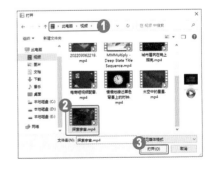

图 4-9

第 3 步 可以看到此时已经将该视频添加到播放列表中，单击下方的【播放】按钮 ▶，如图 4-10 所示。

图 4-10

第 4 步 可以看到当前窗口正在播放影片，这样即可完成使用暴风影音播放媒体文件的操作，如图 4-11 所示。

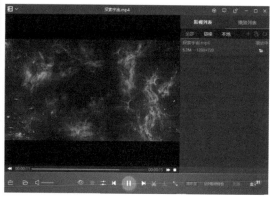

图 4-11

4.2.2 管理播放列表

把所有要播放的文件都添加到播放列表里面，下次直接打开播放列表就可以观看影片。下面详细介绍管理播放列表的操作方法。

操作步骤

Step by Step

第 1 步 启动暴风影音播放器，❶切换到【播放列表】选项卡，❷在播放列表区域，单击【添加到播放列表】按钮 ➕，如图 4-12 所示。

图 4-12

第 2 步 弹出【打开】对话框，❶选择准备添加的媒体文件，❷单击【打开】按钮，如图 4-13 所示。

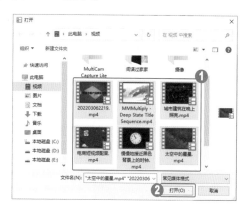

图 4-13

第3步 在【播放列表】中即可显示刚刚添加的媒体文件，单击【播放】按钮▶，即可播放列表中的媒体文件，如图 4-14 所示。

第4步 用户还可以单击上方的【列表循环】按钮↻，循环播放列表中的媒体文件，这样即可完成管理播放列表的操作，如图 4-15 所示。

图 4-14

图 4-15

4.2.3 课堂范例——使用暴风影音视频截图

在使用暴风影音观看视频时，如果想要把精彩的一瞬影像给截图下来保存，可以使用暴风影音的截图功能，对播放中的视频进行截图。本例介绍使用暴风影音进行视频截图的操作方法。

<< 扫码获取配套视频课程，本节视频课程播放时长约为 48 秒。

配套素材路径：配套素材/第4章

素材文件名称：太空中的星星.mp4

操作步骤   Step by Step

第1步 启动暴风影音播放器，并播放本范例的视频素材文件"太空中的星星 .mp4"，在遇到好看的画面时，按下空格键暂停播放，单击下方的【截图】按钮✂，如图 4-16 所示。

第2步 此时可以看到画面左上方会提示"截图成功"的信息，并在下方显示截图路径，单击该【截图路径】超链接，如图 4-17 所示。

图 4-16

图 4-17

第 3 步 即可弹出截图保存文件夹，在文件夹中可以查看截取的视频图片，这样即可完成使用暴风影音截取视频画面的操作，如图 4-18 所示。

第 4 步 用户还可以单击主界面中的【主菜单】按钮，在弹出的下拉菜单中选择【高级选项】命令，打开【高级选项】对话框，切换到【截图设置】选项卡，在其中可以详细地设置截图相关功能，如图 4-19 所示。

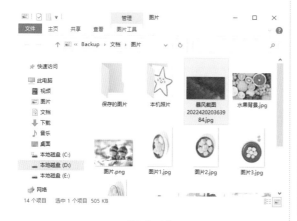

图 4-18

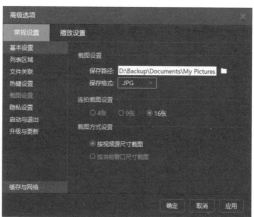

图 4-19

4.3 音频播放——酷狗音乐

酷狗音乐播放器是国内一款面世较早的音乐播放器。酷狗音乐播放器曲库丰富、用户众多，这是酷狗音乐的主要优势。酷狗音乐播放器非常富有特色的启动音效"hello，酷狗"也给很多人留下了深刻的印象，所以很多用户在安装音乐播放软件时，首先想到的是酷狗音乐。本节将详细介绍使用酷狗音乐的相关知识及操作方法。

4.3.1 搜索想听的歌曲

酷狗音乐库提供的音乐资源很丰富，汇集了最新的流行音乐资讯及歌曲。酷狗音乐库中的所有音乐都是直接调用酷狗播放器进行播放，即使是最新的歌曲，也能找到并且播放时很流畅。下面详细介绍搜索歌曲并进行听歌的操作方法。

操作步骤　　　　　　　　　　　　　　　　　　Step by Step

第1步 启动酷狗音乐软件，❶在【搜索】文本框中输入准备搜索的歌曲名称，❷单击【搜索】按钮🔍，如图4-20所示。

图 4-20

第3步 可以看到已经正在播放所选择的歌曲了，并显示歌曲的歌词，这样即可完成搜索想听的歌曲的操作，如图4-22所示。

■ **指点迷津**

将鼠标指针移动到歌词上，系统会弹出一个工具条，用户可以在其中设置播放功能以及歌词等。

第2步 进入【搜索结果】页面，可以看到已经找到想要听的歌曲了，将鼠标指针移动到想听的歌曲上方，在该歌曲右侧，单击【播放】按钮▷，如图4-21所示。

图 4-21

图 4-22

📝 **知识拓展：听歌识曲**

相信很多人在生活中听到一些好听的音乐，可能觉得很熟悉，但是想不起来这首歌的歌名，那么我们可以借助酷狗音乐的"听歌识曲"功能很容易地知道歌曲名字，单击【搜索】文本框右侧的【听歌识曲】按钮🎤即可进行识别歌曲。

4.3.2 收听相声曲艺

酷狗音乐提供了海量的听书内容，包括有声小说、相声曲艺、儿童天地等，内容应有尽有，用户可以享受美妙听书的乐趣。下面详细介绍收听相声曲艺的操作方法。

操作步骤 Step by Step

第1步 启动酷狗音乐软件，❶选择上方的【听书】栏目，❷进入【听书】界面，单击【相声曲艺】按钮，如图 4-23 所示。

图 4-23

第2步 进入【相声曲艺】界面，在其中用户可以选择自己想听的节目，例如这里选择《三国演义》，如图 4-24 所示。

图 4-24

第3步 此时即可播放《三国演义》，单击左下角的【查看歌词写真】按钮，如图 4-25 所示。

图 4-25

第4步 即可进入当前播放栏目的详细界面，在其中显示该节目的详细内容，这样即可完成收听相声曲艺的操作，如图 4-26 所示。

图 4-26

4.3.3 收看精彩MV

有时候在街上或者在一些饮品店里的电视上看到一首歌曲的MV觉得很好看，回到家后还想看，这时候用户即可使用酷狗音乐来收看精彩的MV。下面详细介绍其方法。

操作步骤 Step by Step

第1步 启动酷狗音乐软件，❶在左侧的栏目中选择【视频】选项卡，❷选择MV类别，❸在【搜索】文本框中输入准备收看的MV名字，❹单击【搜索】按钮 🔍，如图4-27所示。

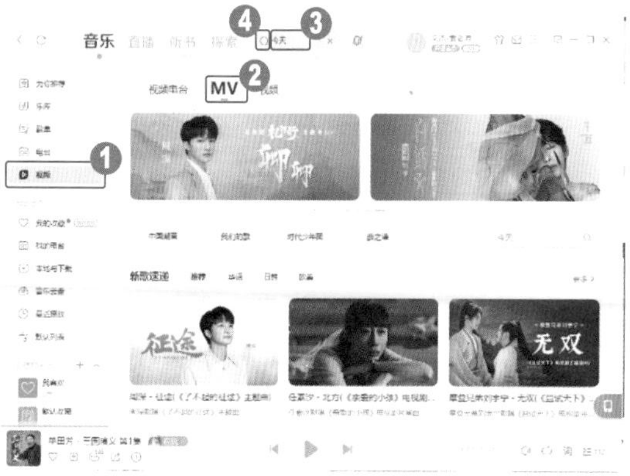

第2步 进入【搜索结果】页面，可以看到已经找到相关MV，将鼠标指针移动到想要收看的MV上方，会出现一个【播放】按钮，单击该按钮，如图4-28所示。

图 4-27

图 4-28

第3步 此时可以看到已经正在播放该MV视频，这样即可完成收看精彩MV的操作，如图4-29所示。

■ 指点迷津

用户还可以在【搜索】文本框中输入歌手名字，从而进行模糊查找相关的MV视频。

图 4-29

4.3.4 课堂范例——制作手机铃声

当听到一首很好听的歌曲，想把它作为手机铃声，这时用户就可以使用酷狗音乐将该歌曲制作成自己的手机铃声。本例详细介绍制作手机铃声的操作方法。

<< 扫码获取配套视频课程、本节视频课程播放时长约为 1 分 20 秒。

配套素材路径：配套素材/第4章
素材文件名称：邓丽君 – 月亮代表我的心.mp3

操作步骤   Step by Step

第1步 启动酷狗音乐软件，❶选择界面上方的【探索】栏目，❷进入【探索】界面，然后单击下方的【铃声制作】按钮，如图 4-30 所示。

图 4-30

第3步 弹出【打开】对话框，❶选择准备制作成铃声的素材歌曲"邓丽君 – 月亮代表我的心 .mp3"，❷单击【打开】按钮，如图 4-32 所示。

第2步 弹出【酷狗铃声制作专家】对话框，在【第一步，添加歌曲：】下方，单击【添加歌曲】按钮，如图 4-31 所示。

图 4-31

第4步 返回到【酷狗铃声制作专家】对话框，可以看到已经添加了所选择的歌曲，在【第二步，截取铃声：】下方，❶设置截取铃声的起点时间，❷设置截取铃声的终点时间，❸设置完成后单击【试听铃声】按钮，❹确认铃声的截取片段后，单击【保存铃声】按钮，如图 4-33 所示。

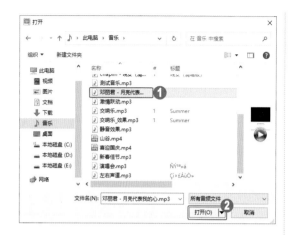

图 4-32

第5步 弹出【另存为】对话框，❶选择准备保存铃声的位置，❷输入文件名称，❸单击【保存】按钮，如图 4-34 所示。

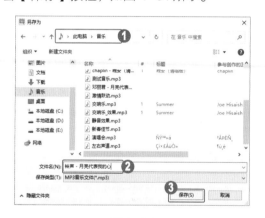

图 4-34

第7步 提示"铃声保存成功！"信息，单击【确定】按钮，如图 4-36 所示。

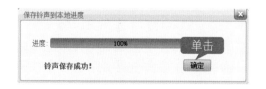

图 4-36

图 4-33

第6步 弹出【保存铃声到本地进度】对话框，提示"正在保存铃声中……"，用户需要在线等待一段时间，如图 4-35 所示。

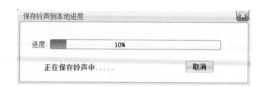

图 4-35

第8步 打开保存铃声所在的文件夹，可以看到已经制作好的手机铃声文件，这样即可完成使用酷狗音乐制作手机铃声的操作，如图 4-37 所示。

图 4-37

4.4 电脑录音软件

电脑录音软件是一款比较实用的免费录音工具，用户可以使用该工具录制任何想要的声音。该工具不但操作简单，而且在录音时会自带回音和混响效果，让录音效果更生动。本节将详细介绍电脑录音软件的相关知识及操作方法。

4.4.1 设置输入与输出

如果准备使用电脑录音软件录制声音，那么首先需要设置软件的输入与输出，这样才能录制声音。下面详细介绍其操作方法。

操作步骤 Step by Step

第 1 步 启动录音软件，❶在【输入】区域下方设置输入设备，❷设置线路，❸在【输出】区域下方，单击【打开文件夹】按钮，如图 4-38 所示。

第 2 步 系统会打开一个文件夹，该文件夹就是录制声音后所输出的位置，用户可以在其中找到录制的声音文件，如图 4-39 所示。

图 4-38

图 4-39

4.4.2 录制声音

完成输入与输出设置后，用户就可以录制声音了，一定要确保麦克风等输入与输出设备连接正常。下面详细介绍录制声音的操作方法。

操作步骤   Step by Step

第 1 步 设置完输入与输出设备后，单击【开始录音】按钮，如图 4-40 所示。

图 4-40

第 3 步 完成录音之后，在【输出】文本框中会显示新录音的文件路径，单击【试听】按钮，如图 4-42 所示。

图 4-42

第 2 步 此时即可对着麦克风进行录音了，录制完毕后，单击【停止录音】按钮，如图 4-41 所示。

图 4-41

第 4 步 系统会打开一个【录音软件 – 试听】对话框，并播放当前录制完成的音频文件。单击【打开所在文件夹】按钮即可打开当前录制完成的音频所在的文件夹，这样就完成了录制声音的操作，如图 4-43 所示。

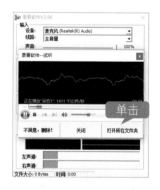

图 4-43

4.4.3 特效设置

使用电脑录音软件，用户还可以设置一些特效，在【操作】区域下方，单击【设置】按钮，即可弹出【特效设置】对话框。在该对话框中，用户可以设置"回响""周相移动""均衡器""放大器"等相关的参数，如图 4-44 所示。

图 4-44

4.5 实战课堂——使用酷狗音乐上传本地音乐到云盘

现在很多人都喜欢使用云盘来保存电脑中的文件，这样既能不占用电脑中的内存，也不怕清理电脑时文件被误删除，而且随时都能下载到本地，以后听起来也方便。本例详细介绍使用酷狗音乐上传本地音乐到云盘的操作方法。

＜＜ 扫码获取配套视频课程，本节视频课程播放时长约为 42 秒。

配套素材路径：配套素材/第4章

素材文件名称：邓丽君－月亮代表我的心.mp3

操作步骤 Step by Step

第1步 启动酷狗音乐，❶在左侧的栏目中选择【音乐云盘】选项卡，❷进入【音乐云盘】界面，单击【上传本地歌曲到云盘】按钮，如图 4-45 所示。

图 4-45

第2步 弹出【打开】对话框，❶选择要上传的本地音乐素材，❷单击【打开】按钮，如图 4-46 所示。

图 4-46

第3步 返回到【音乐云盘】界面，可以看到提示"1 首歌曲已添加到上传队列"信息，等待完成上传，如图 4-47 所示。

第4步 完成上传后，选中上传的歌曲，用户可以单击【播放】按钮播放当前歌曲，单击【下载】按钮下载当前歌曲，单击【删除】按钮删除当前歌曲，这样即可完成使用酷狗音乐上传本地音乐到云盘的操作，如图 4-48 所示。

图 4-47

图 4-48

4.6 思考与练习

通过本章的学习，读者可以掌握娱乐视听工具软件的基本知识以及一些常见的操作方法。下面将针对本章知识点，有目的地进行相关知识测试，以达到巩固与提高的目的。

一、填空题

1. 在使用暴风影音观看视频时，如果想要把瞬间精彩的影像截图下来保存，可以使用暴风影音的 _____ 功能，对播放中的视频进行截图。

2. 如果准备使用电脑录音软件录制声音，那么首先需要设置软件的 _____，这样才能录制声音。

二、判断题

1. 播放列表可以适应不同的场合，可以将播放的文件分类整理存放来欣赏不同风格的音乐。播放列表不可以循环重复播放，但可以按随机次序播放。 （ ）

2. 把所有要播放的文件都添加到播放列表里面，下次直接打开播放列表就可以观看影片。 （ ）

三、简答题

1. 如何使用暴风影音进行视频截图？
2. 如何使用酷狗音乐制作手机铃声？

第**5**章

语言翻译工具软件

本章要点

- 金山词霸
- 有道词典
- 百度翻译

本章主要内容

本章主要介绍金山词霸、有道词典和百度翻译方面的知识与技巧，在本章的最后还针对实际的工作需求，讲解了使用金山词霸制作一张个人的生词表的方法。通过对本章内容的学习，读者可以掌握语言翻译工具软件方面的知识，为深入学习计算机常用工具软件知识奠定基础。

5.1 金山词霸

金山词霸是一款面向个人用户的免费词典、翻译软件，提供专业的翻译服务。金山词霸的界面非常简洁，而且功能强大，支持中、英、日、韩、法、德、西班牙等七国语言翻译。金山词霸是每个学习外语的用户必不可少的神器，可以轻松地学习外语。本节将详细介绍金山词霸的相关知识及操作方法。

5.1.1 词典查询

在日常工作和生活中，总会遇到需要阅读外语的时候。如何高效地阅读、查词典就是提高办公效率的关键。金山词霸能很快地查询生词，大大改善阅读体验和提高工作效率。下面详细介绍词典查询的操作方法。

操作步骤   Step by Step

第1步 启动金山词霸软件，❶选择【词典】选项卡，❷在文本框中输入准备查询的词语，❸单击【查询】按钮，如图5-1所示。

图5-1

第3步 可以看到该词语的英文释义以及例句等，这样即可完成使用金山词霸进行词典查询的操作，如图5-3所示。

■ **指点迷津**

在【搜索】文本框右侧，单击【历史记录】按钮即可查看历史搜索记录，从而快捷查看之前查询过的词语。

第2步 进入【查询结果】界面，可以看到该词语的基础释义和双语例句等相关信息，切换到【英汉双向大词典】选项卡，如图5-2所示。

图5-2

图5-3

5.1.2 屏幕取词

金山词霸有一个迷你悬浮窗，进行一些相关设置后可以进行屏幕取词，从而更加方便、快捷地进行翻译。下面详细介绍屏幕取词的操作方法。

操作步骤   Step by Step

第1步 启动金山词霸软件后，同时会出现一个迷你悬浮窗，❶单击【设置】按钮✿，❷在弹出的下拉列表中选择【屏幕取词】选项，如图 5-4 所示。

第2步 此时可以打开一个文本，将准备进行翻译的词语选中，然后即可看到金山词霸的自动翻译结果，如图 5-5 所示。

图 5-4

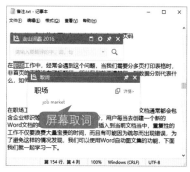

图 5-5

5.1.3 纠正发音

当用户不知道一些英文单词该怎么读或不确定怎么读时，通过设置金山词霸的"查询时自动发音"功能，可以很好地纠正发音。下面详细介绍纠正发音的操作方法。

操作步骤   Step by Step

第1步 在迷你悬浮窗上，❶单击【设置】按钮✿，❷在弹出的下拉列表中选择【软件设置】选项，如图 5-6 所示。

第2步 弹出【设置】对话框，❶切换到【功能设置】选项卡，❷在【功能设置】区域下方选中【查词时自动发音】复选框，❸选择准备发音的类型，这里选中【美音】单选按钮，如图 5-7 所示。

图 5-6

图 5-7

第3步 此时即可在迷你悬浮窗中搜索准备进行发音的单词，搜索完毕后金山词霸即可自动进行该单词的发音，从而纠正用户的发音，如图5-8所示。

■ 指点迷津

在搜索结果界面中，用户还可以单击【详情】超链接，在金山词霸主程序中显示该单词更加详细的解释说明。

图 5-8

5.1.4 课堂范例——使用金山词霸背单词

金山词霸还是一款学习单词的软件，可以帮助用户很快记住单词，是学生考级、考研究生、考公务员的利器。下面详细介绍使用金山词霸进行背单词的操作方法。

<< 扫码获取配套视频课程，本节视频课程播放时长约为1分09秒。

操作步骤 Step by Step

第1步 启动金山词霸软件，❶切换到【背单词】选项卡，❷选择准备学习的单词类型，如选择【能力提升】，如图5-9所示。

第2步 进入【能力提升】界面，❶选择准备学习的词汇，这里选择【新概念英语】，❷选择其子选项，如图5-10所示。

图 5-9

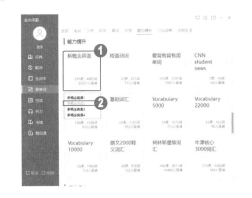

图 5-10

第3步 如果用户没有登录金山词霸账号，这时会弹出【快捷登录】对话框，❶选中【请勾选隐私政策和服务条款】复选框，❷选择一种登录方式，这里单击QQ按钮，如图5-11所示。

第4步 进入【QQ登录】界面，此时会出现一个二维码，用户可以使用手机QQ扫描二维码进行登录，如图5-12所示。

图 5-11

第 5 步 扫描成功后，在手机上确认授权登录。如果要使用其他方式登录，也可以在此界面中单击【返回】超链接，如图 5-13 所示。

图 5-13

第 7 步 弹出【我们一起背单词吧！】对话框，用户即可在该界面中背单词，这样即可完成使用金山词霸进行背单词的操作，如图 5-15 所示。

■ **指点迷津**

在【我们一起背单词吧！】对话框中，用户可以分别单击【卡片学习】按钮和【马上测试】按钮更详细地学习单词。

图 5-12

第 6 步 返回到【能力提升】界面，可以看到显示登录成功后的账号，❶再次选择准备学习的词汇，这里选择【新概念英语】，❷选择其子选项，如图 5-14 所示。

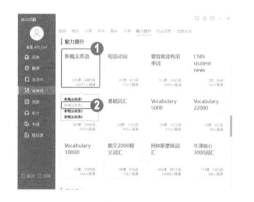

图 5-14

图 5-15

93

5.2 有道词典

有道词典是一款体积很小但功能很强大的翻译软件，它支持中、英、日、韩、法多种语言翻译。有道词典轻松囊括互联网上的时尚流行热词，它的查询更快、更准，可以帮助用户轻松查阅。本节将详细介绍有道词典的相关知识及使用方法。

5.2.1 查询中英文单词

有道词典和金山词霸是中国网民常用的两款翻译工具。有道词典可以轻松地查询中英文单词。下面详细介绍其操作方法。

操作步骤   Step by Step

第1步 打开有道词典程序界面，❶在【查询】文本框中输入准备查询的单词，如输入happy，❷单击【查询】按钮，如图5-16所示。

第2步 此时程序界面中显示出单词的含义，使用相同的方法也可以查询中文词语，这样即可完成使用有道词典查询中英文单词的操作，如图5-17所示。

图5-16

图5-17

5.2.2 完整翻译整句

使用有道词典可以为自己的日常学习和工作提供非常大的便利性，不仅能查询、翻译中英文单词，还可以完成整句的完整翻译。下面详细介绍其操作方法。

操作步骤   Step by Step

第1步 打开有道词典程序界面，❶切换到【翻译】选项卡，❷在【查询】文本框中输入准备查询的整句英文，❸单击【翻译】按钮，如图5-18所示。

第2步 此时即可在【查询】文本框下方的文本框中显示完整的整句翻译，这样即可完成使用有道词典进行整句翻译的操作，如图5-19所示。

图 5-18

图 5-19

5.2.3 使用屏幕取词功能

有道词典也可以像金山词霸一样进行屏幕取词，而且操作也很简单。下面详细介绍使用有道词典进行屏幕取词的操作方法。

操作步骤　　　　　　　　　　　　　　　　　　　　　　　　　Step by Step

第 1 步 启动有道词典程序后，在左下角可以分别选中【取词】和【划词】复选框，如图 5-20 所示。

第 2 步 此时即可打开一个文本，将准备进行翻译的词语选中，然后就可以看到有道词典的自动翻译结果了，如图 5-21 所示。

图 5-20

图 5-21

5.2.4 课堂范例——使用有道词典单词本功能

使用有道词典的单词本功能可以快速学习单词，让用户的英语单词在一定程度上又进步一大截。本例详细介绍使用有道词典单词本功能的操作方法。

<< 扫码获取配套视频课程，本节视频课程播放时长约为 53 秒。

第1步 使用有道词典查询出单词结果后，如果准备将该单词作为学习的单词，可以单击该单词右侧的【加入单词本】按钮☆，如图 5-22 所示。

图 5-22

第2步 在所有需要学习的单词添加完成后，❶切换到【单词本】选项卡，这样就能在列表中看到所有已添加的单词，❷单击列表上方的【更多功能】按钮 ⚙，❸在弹出的下拉列表框中选择【批量管理】选项，如图 5-23 所示。

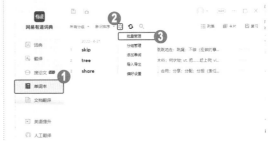

图 5-23

第3步 此时可以看到在单词前面会出现复选框，❶选中需要学习的单词的复选框，❷单击【加入复习】按钮，如图 5-24 所示。

图 5-24

第4步 此时会提示"已成功加入复习计划"信息，这样这些单词就加入单词复习计划中了，有道词典每天会定时提醒用户背单词，单击【完成】按钮，即可完成使用有道词典单词本功能的操作，如图 5-25 所示。

图 5-25

5.3　在线词典——百度翻译

百度翻译是百度发布的在线翻译服务，依托互联网数据资源和自然语言处理技术优势，致力于帮助用户跨越语言鸿沟，方便快捷地获取信息和服务。本节将详细介绍有关百度翻译方面的知识及使用方法。

5.3.1　英文单词查询与翻译

使用百度翻译可以轻松方便地做到英汉互译。下面介绍使用百度翻译对英文单词进行查询与翻译的方法。

操作步骤　　　　　　　　　　　　　　　　　　　　　　　　　　　　Step by Step

第 1 步　使用浏览器，输入百度翻译的网址 https://fanyi.baidu.com，打开【百度翻译】网页，❶设置翻译类型为【英语】→【中文（简体）】，❷在文本框中输入准备查询的单词，例如 today，❸单击【翻译】按钮，如图 5-26 所示。

图 5-26

第 2 步　此时页面中会显示出该单词的含义，这样即可完成使用百度翻译进行英文单词查询与翻译的操作，如图 5-27 所示。

图 5-27

5.3.2 翻译中文短语

使用百度翻译还可以对中文短语进行翻译。下面以翻译"丈二和尚"为例，来详细介绍翻译中文短语的操作方法。

操作步骤   Step by Step

第 1 步 打开【百度翻译】网页，❶在文本框中输入准备翻译的中文，例如输入"丈二和尚"，❷单击【翻译】按钮，如图 5-28 所示。

图 5-28

第 2 步 此时页面中会显示出该中文短语的含义，有【简明释义】和【中中释义】两部分，这样即可完成使用百度翻译翻译中文短语的操作，如图 5-29 所示。

图 5-29

知识拓展：在线试听翻译的语音朗读

在完成翻译的页面中，用户还可以将鼠标指针移动至页面右侧的【发音】图标 ◁))，即可在线听到翻译的语音朗读。

5.3.3 将中文文章翻译成英文文章

在日常工作和生活中，使用百度翻译可以很方便地将中文文章翻译成所需要的英文文章。下面详细介绍其操作方法。

操作步骤 ‖‖‖‖   Step by Step

第 1 步 打开【百度翻译】网页，❶设置翻译类型为【中文（简体）】→【英语】，❷在文本框中输入准备翻译的中文文章，❸单击【翻译】按钮，如图 5-30 所示。

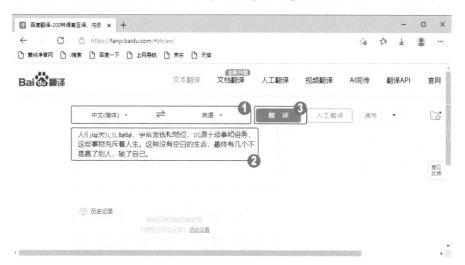

图 5-30

第 2 步 此时页面右侧的文本框中会显示翻译完成的英文文章，并在下方显示【重点词汇】，这样即可完成将中文文章翻译成英文文章的操作，如图 5-31 所示。

图 5-31

5.3.4 课堂范例——使用百度翻译进行文档翻译

在工作和学习中，我们经常会遇到需要翻译的整个文档，如果找翻译机构翻译价格会比较高，这时我们可以使用百度翻译的"文档翻译"功能，帮助用户免费翻译整个文档。本例将详细介绍使用百度翻译进行文档翻译的操作方法。

<< 扫码获取配套视频课程，本节视频课程播放时长约为1分04秒。

配套素材路径：配套素材/第5章
素材文件名称：中国传统法律文化的现代价值.doc

操作步骤 Step by Step

第1步 打开【百度翻译】网页，❶单击【文档翻译】按钮，❷在弹出的下拉列表框中选择【上传文件】选项，如图 5-32 所示。

图 5-32

第2步 进入【文件上传】页面，单击【点击或拖拽上传】按钮，如图 5-33 所示。

图 5-33

第3步　弹出一个登录对话框，选择一种适合自己的登录方式，登录百度帐号，如图 5-34 所示。如果没有登录帐号可以注册一个登录帐号。

图 5-34

第4步　登录帐号后，弹出【打开】对话框，❶选择准备进行翻译的素材文档"中国传统法律文化的现代价值 .doc"，❷单击【打开】按钮，如图 5-35 所示。

图 5-35

第5步　返回到【文件上传】页面中，可以看到已经显示"文件上传成功"信息，如图 5-36 所示。

图 5-36

第6步　向下滚动鼠标，在【翻译设置】区域下方，❶设置翻译的语言方向，这里设置为"中文→英语"，❷设置领域模型，❸单击【立即翻译】按钮，如图 5-37 所示。

图 5-37

第7步 此时会进入【翻译】页面，显示原文以及译文，左侧为原文，右侧为译文。在该页面中用户可以清晰地比对查看文档的翻译内容，这样即可完成使用百度翻译进行文档翻译的操作，如图 5-38 所示。

图 5-38

5.4 实战课堂——使用金山词霸制作一张生词表

学英语的用户应该会有这样的体会，经常想有目的地背一些单词，但又感觉书里面的内容多了一点，而且有些自己想背的单词书里面还没有，其实用金山词霸的生词本功能可以很容易地制作一张生词表，并打印出来，用不着在电脑前背得这么辛苦了。本例详细介绍制作生词表的操作方法。

<< 扫码获取配套视频课程，本节视频课程播放时长约为 1 分 21 秒。

操作步骤 Step by Step

第1步 使用金山词霸当看到需要保存到生词本的单词时，❶单击其右侧的【加入生词本】按钮，❷选择准备添加到的生词本，如选择"我的生词本"，如图 5-39 所示。

第2步 当用户添加完生词后，想再次查看所添加的生词时，❶切换到【生词本】选项卡，❷进入【生词本】界面，单击准备查看的生词本，如图 5-40 所示。

图 5-39

图 5-40

第 3 步 进入该生词本界面中，可以在此查看所保存的生词内容，如图 5-41 所示。

图 5-41

第 5 步 进入【生词本】界面，❶设置【文件格式】为 PDF，❷设置【导出样式】为【卡片样式】，❸单击【导出】按钮，如图 5-43 所示。

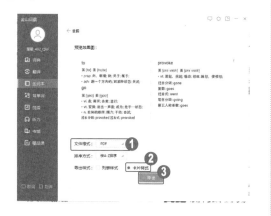

图 5-43

第 7 步 等待一段时间后，系统即可弹出【导出成功】对话框，完成导出"生词本"，如图 5-45 所示。

第 4 步 返回到【生词本】界面中，❶单击右上角的【导出生词本】按钮，❷在弹出的下拉列表框中选择准备导出的生词本，如选择【我的生词本】选项，如图 5-42 所示。

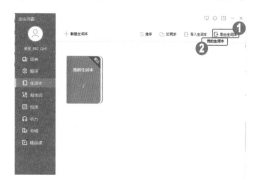

图 5-42

第 6 步 弹出【导出生词本】对话框，❶选择准备导出生词本的位置，❷设置准备导出的生词本名称，❸单击【保存】按钮，如图 5-44 所示。

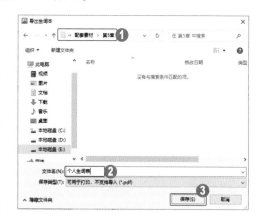

图 5-44

第 8 步 用户可以使用 Adobe Acrobat Pro DC 软件，打开导出的 PDF 文档，使用该软件直接单击上方工具条中的【打印】按钮 🖶，即可进行打印，这样即可完成使用金山词霸制作一张生词表的操作，如图 5-46 所示。

图 5-45

图 5-46

5.5 思考与练习

通过本章的学习，读者可以掌握语言翻译工具软件的基本知识以及一些常见的操作方法。下面将针对本章知识点，有目的地进行相关知识测试，以达到巩固与提高的目的。

一、填空题

1. 金山词霸有一个迷你 _____，进行一些相关设置后可以屏幕取词，从而更加方便、快捷地进行翻译。

2. 当用户在不知道一些英文单词该怎么读或不确定怎么读时，通过设置金山词霸的 _____ 功能，可以很好地纠正发音。

3. 在工作和学习中，我们经常会遇到需要翻译的整个文档，如果找翻译机构翻译价格会比较高，这时我们可以使用百度翻译的 _____ 功能，帮助用户免费翻译整个文档。

二、判断题

1. 有道词典也可以像金山词霸一样进行屏幕取词，而且操作也很简单。 （ ）
2. 金山词霸还是一款进行学习翻译的软件，可以帮助用户很快记住单词，是学生考级、考研究生、考公务员的利器。 （ ）

三、简答题

1. 如何使用金山词霸纠正发音？
2. 如何使用有道词典的屏幕取词功能？

第6章

网上浏览与文件下载

本章要点

- 搜索引擎
- 使用Foxmail收发电子邮件
- 在线电子邮箱
- 使用迅雷下载
- 网络监测与急救

本章主要内容

　　本章主要介绍了360安全浏览器、搜索引擎、使用Foxmail收发电子邮件、在线电子邮箱、使用迅雷下载方面的知识与技巧，在本章的最后还针对实际的工作需求，讲解了网络监测与急救的方法。通过对本章内容的学习，读者可以掌握网上浏览与文件下载方面的知识，为深入学习计算机常用工具软件知识奠定基础。

6.1 360 安全浏览器

　　360 安全浏览器是互联网上好用和安全的新一代浏览器，和 360 安全卫士、360 杀毒等软件产品一同成为 360 安全中心的系列产品，360 安全浏览器拥有全国最大的恶意网址库，采用恶意网址拦截技术，可自动拦截木马、欺诈、网银仿冒等恶意网址。本节将详细介绍使用 360 安全浏览器的相关知识及使用方法。

6.1.1 新建标签浏览网页

　　如果想保留当前网页而浏览其他的网页，用户可以新建标签进行浏览网页。下面详细介绍新建标签浏览网页的操作方法。

操作步骤　　　　　　　　　　　　　　　　　　　　　　Step by Step

第1步 启动 360 安全浏览器，单击标签栏上的【打开新的标签页】按钮 ➕，如图 6-1 所示。

第2步 标签栏上已新建出标签，出现空白页，这样即可完成新建标签浏览网页的操作，如图 6-2 所示。

图 6-1

图 6-2

6.1.2 设置网址作为首页

　　设置网址作为首页后，启动浏览器即可直接打开首页网址，这样可以节省时间，提高浏览网页的效率。下面以设置"百度"作为首页为例，介绍设置网址作为首页的操作方法。

第1步 启动 360 安全浏览器，❶单击右上角的 ≡ 按钮，❷在弹出的下拉菜单中选择【设置】命令，如图 6-3 所示。

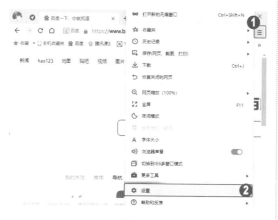

图 6-3

第3步 弹出【360 安全防护中心 – 浏览器防护设置】对话框，在【上网首页防护】区域下方，单击"IE、Edge、360 浏览器"右侧的【点击解锁】按钮，如图 6-5 所示。

图 6-5

第5步 返回到【选项】界面，在【启动时打开】区域右侧再次单击【修改主页】按钮，如图 6-7 所示。

第2步 进入【选项】界面，❶切换到【基本设置】选项卡，❷在【启动时打开】区域右侧单击【修改主页】按钮，如图 6-4 所示。

图 6-4

第4步 弹出【风险提示】对话框，单击【确定】按钮，如图 6-6 所示。

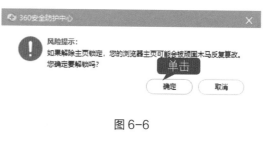

图 6-6

第6步 弹出【主页设置】对话框，❶在文本框中输入准备设置的网址，例如输入"www.baidu.com"，❷单击【确定】按钮，如图 6-8 所示。

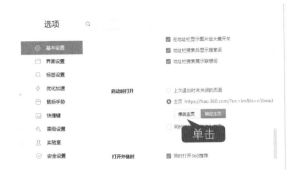

图 6-7

图 6-8

第7步 返回到【选项】界面，可以看到显示"设置保存成功"信息，这样即可完成设置网址作为首页的操作，如图 6-9 所示。

第8步 当用户再次启动浏览器后即可直接打开首页网址，即百度网站首页，如图 6-10 所示。

图 6-9

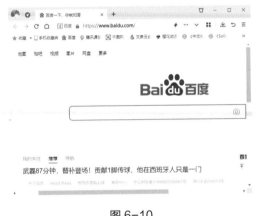

图 6-10

6.1.3 使用收藏夹功能

收藏夹是在上网的时候方便用户记录自己喜欢、常用的网站，把它放到一个文件夹里，想用的时候可以打开找到，方便浏览网页。下面详细介绍使用收藏夹功能的操作方法。

操作步骤 Step by Step

第1步 启动 360 安全浏览器，❶单击【收藏】下拉按钮，❷在弹出的下拉菜单中选择【整理收藏夹】命令，如图 6-11 所示。

第2步 进入【整理收藏夹】界面，❶在该页面的空白处右击，❷在弹出的快捷菜单中选择【添加收藏】命令，如图 6-12 所示。

图 6-11

图 6-12

第 3 步 此时即可在页面的下方显示文本框，在文本框中分别输入准备添加的网址和网页名称，然后按 Enter 键，如图 6-13 所示。

第 4 步 可以看到新添加了一个收藏网站，这样即可完成使用收藏夹功能的操作，如图 6-14 所示。

图 6-13

图 6-14

6.1.4 快速保存图片

使用 360 安全浏览器浏览网页图片时，如果看到自己想要保存的图片，用户可以快速保存网页中的图片。下面详细介绍快速保存图片的操作方法。

操作步骤   Step by Step

第1步 启动360安全浏览器，打开准备保
存网页图片的链接，将鼠标指针移动到图片
上方，会弹出一个悬浮工具条，单击【快速
存图】按钮，如图6-15所示。

图 6-15

第3步 打开保存图片所在的目录，可以看
到已经保存的图片，这样即可完成快速保存
图片的操作，如图6-17所示。

■ 指点迷津

　　用户还可以将鼠标指针移动到要保存的
图片上方，然后按住 Alt 键，同时按下鼠标
左键，即可快速保存图片。

第2步 此时在右下角会弹出一个提示框，
提示"图片已成功保存"信息，单击【点此
打开文件夹】超链接，如图6-16所示。

图 6-16

图 6-17

6.1.5　翻译工具的使用

　　浏览网站时，需要把中文网页翻译成英文网页，或者把英文网页翻译成中文网页，用户
就可以使用360安全浏览器的翻译工具插件。下面以将百度中文网页翻译成百度英文网页为
例，介绍使用翻译工具翻译网页的操作方法。

操作步骤

第 1 步 使用 360 安全浏览器打开百度网页，❶单击地址栏右侧的【显示各类网页常用工具】按钮┅，❷在弹出的下拉列表中选择【网页翻译】选项，如图 6-18 所示。

第 2 步 弹出【翻译】对话框，❶单击【设置】按钮◎，❷在弹出的下拉菜单中选择【选择另一种语言】命令，❸在弹出的子菜单中选择【英语】命令，如图 6-19 所示。

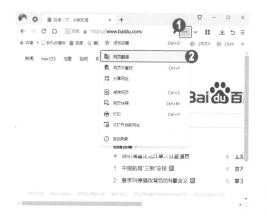

图 6-18

图 6-19

第 3 步 此时可以看到网页已经显示为英文网页，这样即可完成翻译工具的操作，如图 6-20 所示。

■ 指点迷津

使用 360 安全浏览器的翻译功能之前，如果没有找到翻译插件，那么可以在 360 应用市场网站（网站地址：https://ext.se.360.cn），找到翻译插件进行安装，即可正常使用翻译工具，并且用户还可以在这里找到自己喜欢的其他插件，进行安装使用。

图 6-20

6.1.6 课堂范例——快速清理上网痕迹

默认情况下，360 安全浏览器会自动保存用户的上网记录，为了保护隐私，用户可以使用 360 安全浏览器清理上网痕迹。本例详细介绍使用 360 安全浏览器快速清理上网痕迹的方法。

<< 扫码获取配套视频课程，本节视频课程播放时长约为 37 秒。

操作步骤

第1步 启动360安全浏览器，❶单击右上角的【打开菜单】按钮 ≡ ，❷在弹出的下拉菜单中选择【更多工具】→【清除上网痕迹】命令，如图6-21所示。

图6-21

第2步 弹出【清除上网痕迹】对话框，❶选择准备清除的时间段数据，❷选择准备清除的数据类型，❸单击【立即清理】按钮，如图6-22所示。

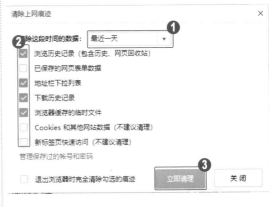

图6-22

第3步 此时在该对话框中会显示"正在清除……"信息，用户需要在线等待一段时间，如图6-23所示。

图6-23

第4步 当清除完毕后会显示"痕迹清除完毕"信息，并自动关闭【清除上网痕迹】对话框，这样即可完成快速清理上网痕迹的操作，如图6-24所示。

图6-24

知识拓展：快速打开【清除上网痕迹】对话框

使用360安全浏览器，用户还可以按 Ctrl+Shift+Delete 组合键，快速打开【清除上网痕迹】对话框，从而快速进行清除上网痕迹操作。

6.2 搜索引擎

搜索引擎是工作于互联网上的一门检索技术，它旨在提高人们获取搜集信息的速度，为人们提供更好的网络使用环境。搜索引擎是伴随互联网的发展而产生和发展的，互联网已成为人们学习、工作和生活中不可缺少的平台，几乎每个人上网都会使用搜索引擎。本节将详细介绍搜索引擎的相关知识及使用方法。

6.2.1 搜索引擎工作原理

所谓搜索引擎，就是根据用户需求与一定算法，运用特定策略从互联网检索出指定信息反馈给用户的一门检索技术。搜索引擎依托于多种技术，如网络爬虫技术、检索排序技术、网页处理技术、大数据处理技术、自然语言处理技术等，为信息检索用户提供快速、高相关性的信息服务。搜索引擎技术的核心模块一般包括爬虫、索引、检索和排序等，同时可添加其他一系列辅助模块，以为用户创造更好的网络使用环境。

搜索引擎的整个工作过程分为三部分：一是网络蜘蛛在互联网上爬行和抓取网页信息，并存入原始网页数据库；二是对原始网页数据库中的信息进行提取和组织，并建立索引库；三是根据用户输入的关键词，快速找到相关文档，并对找到的结果进行排序，将查询结果返回给用户。

6.2.2 常用搜索引擎

搜索是我们生活中常用的功能，有了搜索引擎就可以轻松地搜索歌曲、游戏、电影、软件、图片、音乐、新闻、视频等。下面详细介绍一些常用的搜索引擎。

1. 百度搜索

百度搜索是全球最大的中文搜索引擎，2000 年 1 月由李彦宏、徐勇两人创立于北京中关村，致力于向人们提供"简单，可依赖"的信息获取方式。"百度"二字源于中国宋朝词人辛弃疾的《青玉案》诗句："众里寻他千百度"，象征着百度对中文信息检索技术的执着追求。

百度拥有全球最大的中文网页库，在中国各地分布的服务器，能直接从最近的服务器上把所搜索信息返回给当地用户，使用户享受极快的搜索传输速度。百度每天处理来自超过100 个国家的数亿次的搜索请求，每天有超过 7 万名用户将百度设为首页，用户通过百度搜索引擎可以搜索到世界上最新、最全的中文信息。自 2004 年起，"有问题，百度一下"在中国开始风行，百度成为搜索的代名词。

2. 搜狗搜索

搜狗搜索是搜狐公司于 2004 年 8 月 3 日推出的全球首个第三代互动式中文搜索引擎。它支持微信公众号和文章搜索、知乎搜索、英文搜索及翻译等，通过自主研发的人工智能算法为用户提供专业、精准、便捷的搜索服务。

搜狗的其他搜索产品各有特色。音乐搜索小于 2% 的死链率，图片搜索独特的组图浏览功能，新闻搜索及时反映互联网热点事件的看热闹首页，地图搜索的全国无缝漫游功能，使得搜狗的搜索产品线极大地满足了用户的日常需求，体现了搜狗强大的研发实力。其搜索引擎网站网址为"www.sogou.com"。

3. 360 搜索

360 搜索属于元搜索引擎，是搜索引擎的一种，是通过一个统一的用户界面帮助用户在多个搜索引擎中选择和利用合适的（甚至是同时利用若干个）搜索引擎来实现检索操作，是对分布于网络的多种检索工具的全局控制机制。而 360 搜索 +，属于全文搜索引擎，是奇虎 360 公司开发的基于机器学习技术的第三代搜索引擎，具备"自学习、自进化"能力和发现用户最需要的搜索结果。其搜索网站网址为"www.so.com"。

4. 有道搜索

作为网易自主研发的全新中文搜索引擎，有道搜索致力于为互联网用户提供更快、更好的中文搜索服务。它于 2006 年年底推出测试版，2007 年 12 月 11 日推出正式版。

有道提供的搜索服务有网页搜索、图片搜索、视频搜索、词典搜索、热闻（新闻）搜索，其中除词典搜索外，其他搜索项目由 360 搜索提供技术支持服务。原有的有道购物搜索已与网易返现合并为惠惠网。其搜索网站网址为"www.youdao.com"。

5. 必应搜索（Bing 搜索）

必应搜索是微软公司推出的一款用以取代 Live Search 的搜索引擎。微软 Bing 搜索是国际领先的搜索引擎，为中国用户提供网页、图片、视频、学术、词典、翻译、地图等全球信息搜索服务。其搜索网站网址为"cn.bing.com"。

6.2.3 使用百度搜索引擎

百度搜索引擎将各种资料信息进行整合处理，当用户需要哪方面的资料时，在百度搜索引擎中输入资料主要信息即可找到需要的资料。下面详细介绍搜索资料信息的操作方法。

操作步骤   Step by Step

第1步 打开百度网页，❶在【搜索】文本框中输入准备搜索的信息内容，如输入"优酷网"，❷单击【百度一下】按钮，如图 6-25 所示。

第2步 在弹出的网页窗口中，显示着百度所检索出的信息，单击【优酷网】超链接，如图 6-26 所示。

图 6-25

图 6-26

第 3 步 完成以上步骤即可搜索网络信息，此时弹出搜索结果的优酷网网站网页，如图 6-27 所示。

图 6-27

第 5 步 进入百度图片网页，在【搜索】文本框中输入信息，然后按 Enter 键，即可搜索图片，如图 6-29 所示。

图 6-29

第 4 步 返回到百度网页，单击页面上方的【图片】超链接，如图 6-28 所示。

图 6-28

第 6 步 返回到百度网页，❶将鼠标指针移至上方的【更多】超链接，❷在弹出的下拉列表框中单击【百科】按钮，如图 6-30 所示。

图 6-30

第7步 进入百度百科网页，在【搜索】文本框中输入准备查询的百科信息，然后按Enter键，即可完成利用百度百科搜索信息的操作，如图6-31所示。

图6-31

第8步 返回到百度网页，单击页面上方的【地图】超链接，如图6-32所示。

图6-32

第9步 进入百度地图页面，❶在文本框中输入准备查询的地理名称，❷单击【搜索】按钮 🔍，即可完成使用百度搜索引擎搜索地图的操作，如图6-33所示。

图6-33

第10步 用户还可以单击百度地图页面右下角的【全景】按钮，即可进入【全景】页面，从而能清晰地看到道路的街景，更方便用户查看地址，如图6-34所示。

图6-34

✎ **专家解读**

在【百度地图】页面，单击【搜索】按钮 🔍 之后会弹出一个模糊的搜索结果列表，在结果列表中找到确定要查询的信息，然后会自动定位到用户选择的地点。

6.3 使用 Foxmail 收发电子邮件

Foxmail 是一款国产的电子邮件客户端工具，是中国最著名的软件产品之一，使用 Foxmail 可以创建用户账户、发送电子邮件、接收电子邮件、删除电子邮件、使用邮件地址簿等多种邮件必备功能，Foxmail 还支持分辨垃圾邮件并帮助用户自动拦截，不用担心各种垃圾邮件的困扰。本节将详细介绍使用 Foxmail 收发电子邮件的相关知识及操作方法。

6.3.1 创建用户账户

在 Foxmail 安装完毕后，第一次运行时，系统会自动启动向导程序，引导用户添加第一个邮件账户。下面详细介绍创建用户账户的操作方法。

操作步骤 Step by Step

第1步 完成安装 Foxmail 后运行软件，弹出【新建账号】界面，选择准备新建的账号邮箱，如选择【QQ 邮箱】，如图 6-35 所示。

图 6-35

第2步 进入下一个界面，❶ 用户可以选择【微信登录】或【QQ 登录】，这里选择【QQ 登录】，❷ 如果用户已经在电脑上登录 QQ，可以直接单击 QQ 头像授权登录；如果没有登录可以扫描二维码进行授权登录，如图 6-36 所示。

图 6-36

第3步 进入【设置成功】界面，单击【完成】按钮，如图 6-37 所示。

第4步 系统会自动登录并弹出 Foxmail 程序，可以看到刚刚创建的账号，这样即完成了创建用户账号的操作，如图 6-38 所示。

图 6-38

图 6-37

6.3.2 发送电子邮件

使用 Foxmail 可以很方便地撰写和发送电子邮件。下面以发送主题为"生日祝福"为例，来详细介绍发送电子邮件的操作方法。

操作步骤 Step by Step

第1步 启动并登录 Foxmail 邮件客户端，❶选择准备发送电子邮件的邮箱，❷单击工具栏中的【写邮件】按钮，如图 6-39 所示。

图 6-39

第2步 弹出【写邮件】窗口，❶在【收件人】文本框中输入邮件接收人的邮箱地址，如果需要把邮件同时发送给多个收件人，可以用英文逗号（"，"）分隔多个邮箱地址。❷在【主题】文本框中输入邮件的主题，如"生日祝福"。❸在【编辑信件】文本框中输入邮件的主要内容。❹单击工具栏中的【发送】按钮，如图 6-40 所示。

图 6-40

第3步 弹出【发送邮件】提示框，显示发送邮件的进度，如图 6-41 所示。

第4步 返回 Foxmail 软件窗口，在【已发送邮件】窗口中，可以看到刚刚发送的邮件，这样即可完成发送电子邮件的操作，如图 6-42 所示。

图 6-41

图 6-42

> ✎ **知识拓展：使用邮件抄送**
>
> 　　使用 Foxmail 撰写电子邮件时，在【抄送】文本框中填写其他联系人的邮箱地址，邮件将抄送给这些联系人，邮件的主题可以让收信人大致了解邮件的内容。

6.3.3　接收电子邮件

　　如果在建立邮箱账户过程中填写的信息准确无误，接收电子邮件是非常简单的事情。下面详细介绍接收电子邮件的操作方法。

操作步骤　　　　　　　　　　　　　　　　　　　　　　　　　　　　Step by Step

第1步 启动并登录 Foxmail 邮件客户端，❶单击邮箱账户的折叠按钮，❷选择【收件箱】选项，❸双击【收件箱】中的邮件标题，如图 6-43 所示。

第2步 弹出单独的阅读窗口来显示接收到的邮件，此时可以看到发来的邮件内容，通过以上步骤即可完成接收电子邮件的操作，如图 6-44 所示。

图 6-43

图 6-44

📝 **知识拓展：设置收取邮件的间隔时间**

为了能够随时掌握信息，可以设置Foxmail自动收取邮件的间隔时间。单击右上角的 ▦ 按钮，在弹出的下拉菜单中选择【帐号管理】命令，进入【帐号管理】设置界面中，选择要设置间隔时间的帐号，选中【定时收取邮件】复选框，在【每隔…分钟】文本框中输入分钟数，即可完成设置收取邮件的间隔时间的操作。

6.3.4 删除电子邮件

当接收到的电子邮件越来越多时，会显得杂乱无章，占用空间资源，此时可以将无用的电子邮件进行删除。下面介绍删除电子邮件的操作方法。

操作步骤   Step by Step

第1步 启动并登录Foxmail邮件客户端，❶在Foxmail账号折叠菜单中，选择【收件箱】选项，❷在【收件箱】窗口中选中准备删除的电子邮件，❸在工具栏中单击【删除】按钮，如图6-45所示。

图6-45

第2步 可以看到【收件箱】中的邮件已被删除，这样即可完成删除电子邮件的操作，如图6-46所示。

图6-46

6.3.5 课堂范例——使用快速文本快速输入常用内容

快速文本可以避免重复输入常用的内容，从而大大提高撰写电子邮件的效率。快速文本功能允许用户重复使用存储为"文本模板"的内容。本例详细介绍使用快速文本快速输入常用内容的操作方法。

<< 扫码获取配套视频课程，本节视频课程播放时长约为57秒。

第1步 启动并登录 Foxmail 邮件客户端，❶选择准备使用快速文本的邮箱，❷单击【写邮件】按钮，如图 6-47 所示。

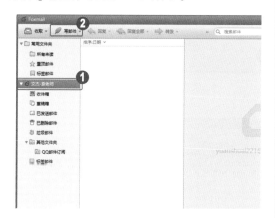

图 6-47

第2步 打开【写邮件】窗口，❶单击右上角的 按钮，❷在弹出的下拉菜单中选择【显示边栏】→【快速文本】命令，如图 6-48所示。

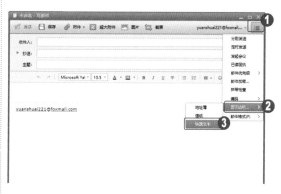

图 6-48

第3步 系统会显示出一个边栏，❶切换到【快速文本】选项卡，❷单击【设置】按钮 ，如图 6-49 所示。

图 6-49

第4步 弹出【快速文本管理】对话框，单击上方的【增加文本】按钮 ，如图 6-50所示。

图 6-50

第5步 新建一个快速文本，❶设置文本名称，❷输入文本内容，❸设置关键词，❹设置使用该快速文本的快捷键，❺单击【关闭】按钮，如图 6-51 所示。

第6步 返回到【写邮件】窗口中，在【快速文本】边栏中，双击准备使用的快速文本，或按下该快速文本的快捷键，系统即可快速输入该文本内容，如图 6-52 所示。

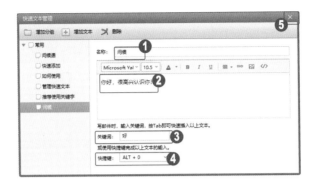

图 6-51

图 6-52

6.4 在线电子邮箱

用户不仅可以使用 Foxmail 软件进行收发电子邮件操作，还可以直接使用在线电子邮箱，如 126 免费电子邮箱等。本节将以 126 免费电子邮箱为例，来详细介绍使用在线电子邮箱的相关知识及使用方法。

6.4.1 登录 126 邮箱

126 邮箱是网易公司于 2001 年 11 月推出的免费的电子邮箱，是网易公司倾力打造的专业电子邮箱，系统快速稳定，垃圾邮件拦截率超过 98%，邮箱容量自动翻倍，支持高达 3GB 的超大附件，并提供免费网盘及手机号码邮箱服务。如果准备使用 126 邮箱，那么首先应登录 126 邮箱。下面详细介绍登录 126 邮箱的操作方法。

操作步骤 Step by Step

第1步 启动 360 安全浏览器，输入网址"mail.126.com"，打开【126 网易免费邮】网页，在登录界面中，单击【密码登录】超链接，如图 6-53 所示。

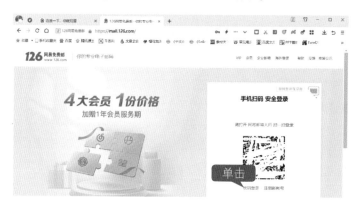

图 6-53

第2步 进入【邮箱帐号登录】页面，❶输入邮箱帐号，❷输入邮箱密码，❸单击【登录】按钮，如图 6-54 所示。

图 6-54

第3步 进入【126 网易免费邮】页面，显示登录后的页面，这样即可完成登录 126 邮箱的操作，如图 6-55 所示。

图 6-55

📓 专家解读

在登录界面中，如果用户没有126邮箱的账号，可以直接单击【注册新账号】超链接，注册一个新的账号；用户还可以单击右上方的【小电脑】图标💻，进入【账号密码】登录界面，如果用户手机里有【网易邮箱大师】App可以直接打开该应用软件，扫一扫进行登录。

6.4.2 接收和发送电子邮件

126邮箱可以超快、稳定地接收和发送电子邮件，使得收发邮件更为快捷、安全。下面介绍接收和发送电子邮件的操作方法。

操作步骤 Step by Step

第1步 登录126邮箱后，在【首页】页面单击【收信】按钮，如图6-56所示。

图6-56

第2步 进入【收件箱】页面，选择准备接收查看的电子邮件标题，如图6-57所示。

图6-57

第3步 进入该邮件的详细内容页面，这样即可完成接收电子邮件的操作，如图6-58所示。

图6-58

第4步 返回到【首页】页面，单击【写信】按钮，如图6-59所示。

图6-59

第5步 返回到【发送电子邮件】页面，❶在【收件人】文本框中输入邮件接收人的邮箱地址，❷在【主题】文本框中输入邮件的主题，如 "生日快乐"，❸在【编辑信件】文本框中输入邮件的主要内容。❹单击左上角的【发送】按钮 ✈，如图 6-60 所示。

图 6-60

第6步 进入【邮件发送成功】页面，这样即可完成发送电子邮件的操作，如图 6-61 所示。

图 6-61

6.4.3 课堂范例——发送照片附件

　　在给好友发送一些文件的时候，为了保险起见，可以给好友单独发送邮箱附件文件，可以保证邮件不因为没有接收而过期。本例详细介绍发送附件的操作方法。

　　<< 扫码获取配套视频课程，本节视频课程播放时长约为 38 秒。

操作步骤 Step by Step

第1步 进入【发送电子邮件】页面，❶在【收件人】文本框中输入邮件接收人的邮箱地址，或直接单击右侧的联系人，❷在【主题】文本框中输入邮件的主题，如 "照片"，❸单击【添加附件】按钮，如图 6-62 所示。

图 6-62

第2步 弹出【打开】对话框，❶选择准备添加的附件文件，❷单击【打开】按钮，如图 6-63 所示。

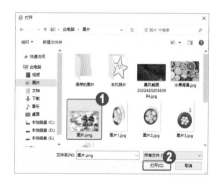

图 6-63

第3步 返回到【发送电子邮件】页面，可以看到已经上传完成的附件文件，单击左上角的【发送】按钮，如图6-64所示。

图 6-64

第4步 进入【邮件发送成功】页面，这样即可完成发送附件的操作，如图6-65所示。

图 6-65

6.5 使用迅雷下载

迅雷凭借"简单、高速"的下载体验，正在成为高速下载的代名词。迅雷使用的多资源超线程技术，能够将网络上存在的服务器和计算机资源进行有效的整合，通过迅雷网络上各种数据文件能够以最快的速度进行传递。本节将详细介绍迅雷的相关知识及使用方法。

6.5.1 设置默认下载路径

用户可以在网络上下载一些需要的文件、视频或相关资料，在下载过程中需要对其设置下载完成后所保存的路径。下面介绍使用迅雷设置默认下载路径的相关操作方法。

操作步骤   Step by Step

第1步 在打开的迅雷软件程序窗口中，❶单击按钮 ≡，❷在弹出的下拉菜单中选择【设置】命令，如图6-66所示。

图 6-66

第2步 打开【设置中心】页面，在右侧的【下载设置】区域中，单击【下载目录】右侧的【文件夹】按钮 ，如图6-67所示。

图 6-67

第 3 步 弹出【选择文件夹】对话框，❶选择准备应用的下载路径，❷单击【选择文件夹】按钮，如图 6-68 所示。

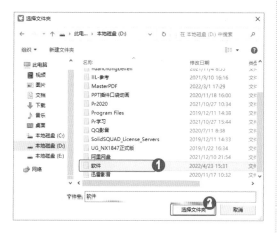

图 6-68

第 4 步 返回到【设置中心】页面，在【下载目录】区域中显示刚刚已经设置的下载路径，这样即可完成设置默认下载路径的操作，如图 6-69 所示。

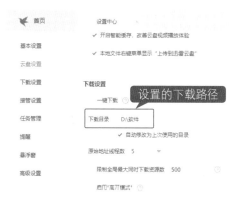

图 6-69

6.5.2 在迅雷中搜索与下载文件

"迅雷"已经成为目前网络上应用非常广泛的下载软件，不仅下载速度快，而且操作非常简便。下面以下载图片为例，介绍在迅雷中搜索与下载文件的方法。

操作步骤
Step by Step

第 1 步 打开迅雷程序界面，在搜索文本框中输入准备下载的内容，如输入"电影迅雷下载"，然后按 Enter 键，如图 6-70 所示。

图 6-70

第2步 打开【百度搜索】标签，显示搜索文件结果等相关信息，单击准备下载的网页超链接，如图6-71所示。

图 6-71

第3步 进入该下载网页的页面，单击准备下载的超链接，如图6-72所示。

图 6-72

第4步 弹出【新建下载任务】对话框，单击【立即下载】按钮，如图6-73所示。

图 6-73

第5步 返回到迅雷程序主界面，可以看到已经正在下载文件，这样即可完成在迅雷中搜索与下载文件的操作，如图6-74所示。

图 6-74

6.5.3 开启免打扰功能

在使用迅雷软件下载文件的时候，可以开启免打扰功能，避免在进行全屏操作的时候，提示迅雷下载信息。下面详细介绍开启免打扰功能的操作方法。

在打开的迅雷软件程序窗口中，单击≡按钮，在弹出的下拉菜单中选择【设置】命令，打开【设置中心】页面，切换到【提醒】选项卡，在右侧的【提醒】区域下方，用户可以根据个人需要取消选中不需要进行消息提醒的相应复选框，即可完成免打扰，如图 6-75 所示。

图 6-75

6.5.4　自定义限速下载

迅雷软件提供了自定义限速下载功能，以保证在下载文件的同时不影响其他工作。下面详细介绍自定义限速下载的操作方法。

操作步骤　　　　　　　　　　　　　　　　　　　　　　　　　　　　　　Step by Step

第1步　在打开的迅雷软件程序窗口中，❶单击左下角的【下载计划】按钮，❷在弹出的下拉菜单中选择【限速下载】命令，如图 6-76 所示。

图 6-76

第2步　弹出【限制我的下载速度】对话框，❶分别设置【最大下载速度】和【最大上传速度】的数值，❷单击【确定】按钮，即可完成自定义限速下载的操作，如图 6-77 所示。

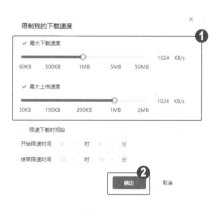

图 6-77

6.5.5 课堂范例——添加 BT 任务并下载

　　BT 是目前热门的下载方式之一，它的全称为 BitTorrent 简称 BT，中文全称是"比特流"。它在下载的同时，也在为其他用户提供上传，所以不会随着用户数的增加而降低下载速度。使用非常方便，很适合新发布的热门下载。本例详细介绍添加 BT 任务并下载的操作方法。

<< 扫码获取配套视频课程，本节视频课程播放时长约为 47 秒。

操作步骤　　　　　　　　　　　　　　　　　　　　　　Step by Step

第1步 在打开的迅雷软件程序窗口中，❶单击左侧的【下载】按钮，❷切换到【下载中】选项卡，❸单击【新建】按钮，如图 6-78 所示。

图 6-78

第2步 弹出【添加链接或口令】对话框，❶单击下拉按钮 ▼，❷在弹出的下拉列表中选择【添加 BT 任务】选项，如图 6-79 所示。

图 6-79

第3步 弹出【打开】对话框，❶选择 BT 种子文件所在的目录，❷选择准备添加的 BT 种子文件，❸单击【打开】按钮，如图 6-80 所示。

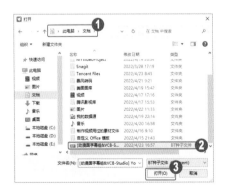

图 6-80

第4步 弹出【新建下载任务】对话框，❶选择准备下载的文件，❷单击【立即下载】按钮，如图 6-81 所示。

图 6-81

第 5 步 返回到迅雷程序主界面，可以看到已经正在下载这些文件，这样即可完成添加 BT 任务并下载的操作，如图 6-82 所示。

图 6-82

6.6 实战课堂——网络监测与急救

用户在网上浏览或下载文件时，经常会遇到各种各样的网络故障问题，这时就需要对网络进行监测与急救。本节将详细为大家介绍 360 断网急救箱、ADSafe 净网大师以及 360 急救箱等软件的使用方法，从而帮助用户更好地遨游网络。

<< 扫码获取配套视频课程，本节视频课程播放时长约为 2 分 39 秒。

6.6.1 360 断网急救箱

360 断网急救箱是一款独立于 360 安全卫士的断网修复工具，360 断网急救箱可以帮我们轻松解决电脑断网异常等问题。使用 360 断网急救箱开始诊断后可以自动帮我们检查电脑网线、驱动、网卡、DHCP 服务是否正常工作等。检查完毕只需一键即可自动帮用户修复断网异常情况。下面详细介绍使用 360 断网急救箱的操作方法。

第1步 打开360断网急救箱软件，单击【全面诊断】按钮，如图6-83所示。

图 6-83

第2步 系统正在进行全面网络诊断，用户需要在线等待一段时间，如图6-84所示。

图 6-84

第3步 诊断完毕后，会显示诊断出来的详细问题，单击【立即修复】按钮，系统即可自动进行修复诊断出来的问题，如图6-85所示。

图 6-85

第4步 如果用户的断网问题比较突出，例如"网线没有插好"，系统则会直接弹出一个对话框，重点提示用户断网的问题，按照提示进行操作即可，如图6-86所示。

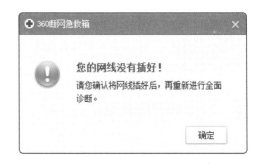

图 6-86

6.6.2　ADSafe 净网大师

ADSafe净网大师是国内首款免费专业净网软件，集恶意广告拦截、用户隐私保护、不良网站屏蔽、视频骚扰过滤等功能为一体。用户通过自由添加、修改、订阅规则来获得不同的过滤效果，最大限度地满足净网需求。下面详细介绍使用 ADSafe 净网大师的操作方法。

操作步骤

第 1 步 启动 ADSafe 净网大师，单击【开启净网模式】按钮，如图 6-87 所示。

第 2 步 可以看到"净网模式已开启"，并会自动启用【过滤不良信息已开启】，这样系统会主动识别不良网站并阻止，防止个人隐私泄露，如图 6-88 所示。

图 6-87

图 6-88

第 3 步 单击【深度优化】按钮 🚀，进入【深度优化】界面，单击【立即优化】按钮，如图 6-89 所示。

第 4 步 完成检测缓存广告后，❶选择准备清理的项目，❷单击【立即清理】按钮，即可清理广告缓存，提升上网体验，如图 6-90 所示。

图 6-89

图 6-90

第 5 步 单击【弹窗抓取】按钮 🔍，进入【弹窗抓取】界面，单击【点击并拖动鼠标抓取】按钮，如图 6-91 所示。

第 6 步 此时用户就可以拖动鼠标到需要屏蔽的弹窗区域并单击，可对网站、软件、视频等进行操作，并能对恶意广告进行智能拦截，如图 6-92 所示。

图 6-91

第7步 弹出【净网大师－窗体抓取】对话框，显示"标题、标题的宽度和高度、层级、类名、路径"等信息，单击【确定】按钮，即可完成屏蔽弹出框，如图 6-93 所示。

图 6-93

第9步 单击【移动净网版】按钮，用户可以扫描该界面中的二维码，用手机下载移动版，省电、省流量，如图 6-95 所示。

图 6-95

图 6-92

第8步 单击【拦截记录】按钮，用户在该界面可以查看屏蔽广告骚扰次数以及节省时间等信息，如图 6-94 所示。

图 6-94

第10步 用户还可以自定义拦截。❶单击右上角的按钮，❷在弹出的下拉菜单中选择【设置中心】命令，如图 6-96 所示。

图 6-96

第11步 进入【规则设置】界面中，❶选择【添加白名单】选项卡，❷单击【添加白名单】按钮，如图 6-97 所示。

第12步 弹出【净网大师－添加白名单】对话框，❶在【添加链接】文本框中输入白名单网址，❷填写备注，❸单击【确定】按钮，即可完成白名单的添加，如图 6-98 所示。

图 6-97

图 6-98

6.6.3 360 急救箱

360 急救箱（360 系统急救箱）是由 360 推出的一款集木马查杀和系统修复功能为一体的系统救援工具，可以帮助用户检测电脑上的木马病毒，保护用户电脑的安全，帮助用户修复 IE 的相关设置，对篡改 IE 的设置可以进行修复。下面详细介绍使用 360 急救箱的相关操作方法。

操作步骤   Step by Step

第1步 启动 360 急救箱后，单击【开始急救】按钮，如图 6-99 所示。

第2步 进入【正在扫描】界面，扫描可能需要一些时间，用户需要在线等待一段时间，如图 6-100 所示。

图 6-99

图 6-100

第3步 扫描完成后，如果系统中存在问题文件，软件会自动处理问题文件，用户需要重启电脑才可以彻底清除，单击【立即重启】按钮即可，如图 6-101 所示。

图 6-101

■ 指点迷津

　　360 急救箱虽然查杀木马病毒的能力很强，但是有一定的风险，所以一般用 360 系统急救箱后再用它的"修复系统文件"功能恢复一下系统文件。也就是说，误报率增加，可能会删除一些系统文件、驱动等，导致死机、蓝屏等情况。

✏️ 知识拓展：修复系统设置

　　如果用户发现自己电脑系统的常用设置有问题，可以启动 360 急救箱，单击右侧的【修复系统设置】按钮，即可弹出【系统急救箱】对话框，在其中选择准备修复的项目，然后单击【扫描修复】按钮，即可恢复常用的系统设置。

6.7 思考与练习

　　通过本章的学习，读者可以掌握网上浏览与文件下载的知识以及一些常见的操作方法。下面将针对本章知识点，有目的地进行相关知识测试，以达到巩固与提高的目的。

一、填空题

　　1. 如果想保留当前网页而浏览其他的网页，用户可以 _____ 进行浏览网页。

　　2. _____ 是在上网的时候方便用户记录自己喜欢、常用的网站，把它放到一个文件夹里，想用的时候可以打开找到，以方便浏览网页。

　　3. 所谓 _____，就是根据用户需求与一定算法，运用特定策略从互联网检索出指定信息反馈给用户的一门检索技术。

　　4. 搜索引擎技术的核心模块一般包括 _____、索引、_____ 和排序等，同时可添加其他一系列辅助模块，以为用户创造更好的网络使用环境。

　　5. BT 是目前热门的下载方式之一，它的全称为 BitTorrent，简称 BT，中文全称是"比特流"。它在下载的同时，也在为其他用户提供 _____，所以不会随着用户数的增加而降低下载速度。

二、判断题

1. 设置网址作为首页后，启动浏览器即可直接打开首页网址，这样可以节省时间，提高浏览网页效率。   （   ）

2. 使用 360 安全浏览器，用户可以将鼠标指针移动到要保存的图片上方，然后按 Ctrl 键，同时单击鼠标左键，即可快速保存图片。   （   ）

3. 默认情况下，360 安全浏览器会自动保存用户的上网记录，为了保护隐私，用户可以使用 360 安全浏览器清理上网痕迹。   （   ）

4. 搜索引擎依托于多种技术，如网络爬虫技术、检索排序技术、网页处理技术、大数据处理技术、自然语言处理技术等，为信息检索用户提供快速、高相关性的信息服务。   （   ）

5. 搜索引擎的整个工作过程分为三个部分：一是蜘蛛在互联网上爬行和抓取网页信息，并存入原始网页数据库；二是对原始网页数据库中的信息进行提取和阻止，并建立索引库；三是根据用户输入的关键词，快速找到相关文档，并对找到的结果进行排序，将查询结果返回给用户。   （   ）

6. 搜索是我们生活中常用的功能，有了搜索引擎搜索就可以轻松地搜索歌曲、游戏、电影、软件、图片、音乐、新闻、视频等。   （   ）

三、简答题

1. 如何使用 360 安全浏览器快速保存图片？
2. 如何使用 126 邮箱发送照片附件？
3. 如何使用迅雷添加 BT 任务并下载？

第 **7** 章

即时聊天与网上办公

本章要点

- 腾讯QQ
- 钉钉
- 微信电脑版
- 360云盘
- 腾讯会议
- 使用聊天与网盘工具

本章主要
内容

　　本章主要介绍腾讯QQ、钉钉、360云盘和腾讯会议方面的知识与技巧，在本章的最后还针对实际的工作需求，讲解使用聊天工具与网盘工具的方法。通过对本章内容的学习，读者可以掌握即时聊天工具与网上办公方面的知识，为深入学习计算机常用工具软件知识奠定基础。

7.1 腾讯 QQ

腾讯 QQ（一般简称 QQ）是目前使用最广泛的聊天软件之一。QQ 是一款基于 Internet 的即时通信软件，支持在线文字聊天、语音聊天、视频聊天，并可以对其设置个人信息、创建好友组、设置在线状态和加入 QQ 群等自定义面板的多种功能。本节将详细介绍腾讯 QQ 的相关知识及使用方法。

7.1.1 添加 QQ 好友

通过 QQ 聊天软件可以与远在千里的亲朋好友进行聊天，但进行聊天前，需要将亲朋好友添加为自己的 QQ 好友。下面详细介绍添加 QQ 好友的操作方法。

操作步骤 Step by Step

第 1 步 启动腾讯 QQ 软件，并使用 QQ 号登录，在【腾讯 QQ】程序窗口下方，单击【加好友 / 群】按钮，如图 7-1 所示。

图 7-1

第 2 步 弹出【查找】对话框，❶切换到【找人】选项卡，❷在【账号】文本框中输入好友的 QQ 号码，❸单击【查找】按钮，如图 7-2 所示。

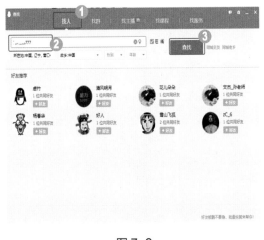

图 7-2

第3步 进入搜索结果界面，显示搜索出的 QQ 账号结果，单击【加好友】按钮，如图 7-3 所示。

图 7-3

第5步 进入下一个界面，❶在【备注姓名】文本框中输入添加的 QQ 好友备注名称，❷在【分组】下拉列表框中选择准备进行的分组选项，❸单击【下一步】按钮，如图 7-5 所示。

图 7-5

第7步 当对方确认添加完毕后，即可弹出一个提示对话框，提示"我们已经是好友啦，一起来聊天吧！"，单击该对话框的中间部分，如图 7-7 所示。

第4步 弹出【添加好友】对话框，❶在【请输入验证信息】文本框中输入给对方的验证信息，❷单击【下一步】按钮，如图 7-4 所示。

图 7-4

第6步 进入下一个界面，提示"你的好友添加请求已经发送成功，正在等待对方确认。"信息，单击【完成】按钮，如图 7-6 所示。

图 7-6

第8步 即可弹出与该 QQ 好友的聊天界面，如图 7-8 所示。

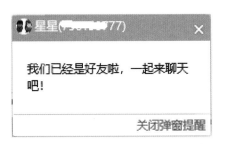

图 7-7

图 7-8

第9步 返回到【腾讯 QQ】主面板中，即可看到好友的 QQ 头像显示在个人 QQ 列表中，这样即可完成添加 QQ 好友的操作，如图 7-9 所示。

■ 指点迷津

　　有时别人申请添加你为好友，而由于某些原因没有添加上，此时可以在【腾讯 QQ】主面板下方，单击【主菜单】按钮≡，在弹出的下拉菜单中选择【消息管理】命令，即可弹出【消息管理器】对话框，单击【系统消息】按钮，即可看到 QQ 添加好友的记录。

图 7-9

7.1.2　在线聊天

　　添加亲朋好友为个人的 QQ 好友后，即可使用 QQ 聊天软件与亲友进行在线聊天，QQ 软件的聊天形式就好像手机发短信一样。下面详细介绍在线聊天的操作方法。

操作步骤　　　　　　　　　　　　　　　　　　　　　　　　Step by Step

第1步 登录 QQ 聊天软件，进入【腾讯 QQ】程序窗口，在好友列表中双击准备进行聊天的 QQ 好友头像，如图 7-10 所示。

第2步 弹出与好友的对话窗口，在窗口下方的文本框中，输入与好友的聊天内容，如图 7-11 所示。

图 7-10

图 7-11

第3步 与好友的聊天内容编辑完成后，单击窗口下方的【发送】按钮，发送给对方信息，如图 7-12 所示。

第4步 这样即可使用 QQ 聊天软件与好友进行在线聊天，与好友的聊天内容会显示在聊天区域中，如图 7-13 所示。

图 7-12

图 7-13

7.1.3 设置个人信息

使用腾讯 QQ 聊天软件，可以修改个人头像和基本资料等个人信息，让 QQ 好友更加方便地认识和联系用户。下面详细介绍设置个人信息的相关操作方法。

1.更换头像

使用腾讯 QQ 聊天软件，用户可以进行个性化头像设置，从而使用户的个人 QQ 与众不同。下面详细介绍更换头像的操作方法。

操作步骤　　　　　　　　　　　　　　　　　　　　　　　　　Step by Step

第1步 启动并登录腾讯 QQ 聊天软件，单击程序窗口左上角的个人 QQ 头像，如图 7-14 所示。

图 7-14

第2步 弹出【我的资料】对话框，单击正在使用的头像按钮，如图 7-15 所示。

图 7-15

第3步 弹出【更换头像】对话框，❶选择准备更换头像的方式，这里单击【挑选推荐头像】按钮，❷单击【确定】按钮，如图 7-16 所示。

图 7-16

第4步 弹出【推荐头像】对话框，❶切换到【经典头像】选项卡，❷选择准备应用的头像，❸单击【确定】按钮，如图 7-17 所示。

图 7-17

第5步 返回到【更换头像】对话框，显示刚刚应用的头像，单击【确定】按钮，如图 7-18 所示。

图 7-18

第6步 在 QQ 主程序窗口中的头像已被更换，这样即可完成更换头像的操作，如图 7-19 所示。

图 7-19

2. 设置资料

在腾讯 QQ 聊天软件中可以设置更加丰富的个人资料，使用户的 QQ 好友更加方便了解用户的具体信息。下面详细介绍设置资料的操作方法。

操作步骤

Step by Step

第1步 启动并登录腾讯 QQ 聊天软件，单击程序窗口左上角的个人 QQ 头像，如图 7-20 所示。

图 7-20

第2步 弹出【我的资料】对话框，单击右上角的【编辑资料】超链接，如图 7-21 所示。

图 7-21

第3步 弹出【编辑资料】对话框，❶详细填写个人资料，❷单击【保存】按钮，如图7-22所示。

第4步 返回到【我的资料】对话框中，单击【更多资料】按钮，即可查看到刚刚设置的详细资料内容，这样即可完成设置资料的操作，如图7-23所示。

图7-22

图7-23

✎ 专家解读

在【我的资料】对话框中，当用户查看完个人的详细资料后，可以单击【收起资料】按钮，将个人的详细资料折叠起来。

7.1.4 创建好友组

在使用腾讯QQ聊天软件时，如果用户的QQ好友组不足或准备新建其他好友组，那么可以创建好友组。下面以创建"合作伙伴"好友组为例，介绍创建好友组的操作方法。

操作步骤 Step by Step

第1步 启动并登录腾讯QQ聊天软件，❶切换到【联系人】选项卡，❷在空白区域中右击，❸在弹出的快捷菜单中选择【添加分组】命令，如图7-24所示。

第2步 此时会出现一个文本框，在其中输入创建好友组的名称，如"合作伙伴"，按Enter键，即可完成创建好友组的操作，如图7-25所示。

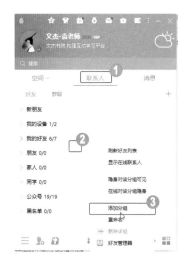

图 7-24

图 7-25

7.1.5 设置在线状态

登录腾讯 QQ 聊天软件后，用户可以设置个人 QQ 的在线状态。下面以设置状态为"忙碌"为例，介绍设置在线状态的操作方法。

操作步骤

Step by Step

第 1 步 启动并登录腾讯 QQ 聊天软件，❶单击头像右下角的【在线状态菜单】按钮，❷选择准备使用的在线状态，如"忙碌"选项，如图 7-26 所示。

第 2 步 已更改为"忙碌"状态，这样即可完成设置在线状态的操作，如图 7-27 所示。

图 7-26

图 7-27

7.1.6 课堂范例——传输文件

QQ聊天软件不仅是一个可以在线聊天的软件，还可以传输文件，与好友分享个人文件资料。下面以传输文件 help.pdf 为例，介绍传输文件的操作方法。

<< 扫码获取配套视频课程，本节视频课程播放时长约为 53 秒。

操作步骤 Step by Step

第1步 启动并登录腾讯 QQ 聊天软件，在好友列表中双击准备进行传输资料的 QQ 好友头像，如图 7-28 所示。

图 7-28

第2步 弹出与好友的对话窗口，在功能按钮栏中，❶将鼠标移动到【传送文件】按钮📁，❷在弹出的列表框中选择【发送文件】选项，如图 7-29 所示。

图 7-29

第3步 弹出【打开】对话框，❶选择电脑中存储文件的路径，❷选择准备传送的文件，如 help.pdf，❸单击【打开】按钮，如图 7-30 所示。

第4步 返回到与好友的对话窗口，在【编辑】文本框中显示准备传输的文件，单击【发送】按钮，如图 7-31 所示。

图 7-30

图 7-31

第 5 步 在与好友的对话窗口右侧，显示正在传输文件，如果好友在线，用户可以直接单击【转在线发送】超链接，如图 7-32 所示。

第 6 步 传输完成后在会话区域中提示"成功发送离线文件"信息，这样即可完成传输文件的操作，如图 7-33 所示。

图 7-32

图 7-33

7.1.7 课堂范例——语音与视频聊天

　　用户不仅能通过 QQ 聊天软件与远在千里的亲友进行文字聊天，还可以通过 QQ 聊天软件的语音和视频聊天的方式，与亲友进行有声音、有画面的对话。下面详细介绍语音与视频聊天的相关操作方法。

<< 扫码获取配套视频课程，本节视频课程播放时长约为 51 秒。

第1步 打开与好友的对话窗口，在上方的功能按钮栏中，单击【发起语音通话】按钮，如图 7-34 所示。

图 7-34

第3步 对方接受邀请后，在右侧的语音聊天窗口中，显示着扬声器声音大小、麦克风声音大小和通信的时间等，这样即可进行语音聊天，如图 7-36 所示。

图 7-36

第5步 弹出与好友的视频通话窗口，提示"等待对方接受邀请"信息，如图 7-38 所示。

第2步 在对话窗口右侧，弹出语音会话窗口，提示"等待对方接受邀请"信息，如图 7-35 所示。

图 7-35

第4步 在与好友的对话窗口中，在上方的功能按钮栏中，单击【发起视频通话】按钮，如图 7-37 所示。

图 7-37

第6步 对方接受邀请后，在右侧的视频窗口中，显示着自己和对方的视频图像，这样即可进行视频聊天，如图 7-39 所示。

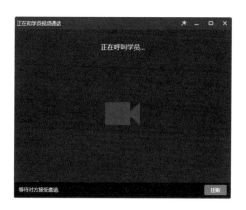

图 7-38

图 7-39

7.2 钉钉

钉钉是专为全球企业组织打造的智能移动办公平台，含 PC 版、iPad 和手机版，可以让沟通更高效，让工作、学习更简单。此外，钉钉还支持单聊和群聊，可以免费多方通话，高质量语音通话，团队沟通更简单。不仅支持通话功能，还可以传输文件、语音、图片等，各种消息随时发送。本节将详细介绍 PC 版钉钉的相关使用方法。

7.2.1 使用钉钉进行视频会议

钉钉电脑版可快速创建团队分级式的管理，可内外联系并进行智能视频通话。下面详细介绍使用钉钉进行视频会议的操作方法。

操作步骤 Step by Step

第 1 步 启动并登录钉钉软件，单击左侧的【会议】按钮 ，如图 7-40 所示。

图 7-40

第 2 步 进入【会议选择】界面，单击【添加参会人】按钮，如图 7-41 所示。

图 7-41

第3步 进入【会议邀请】界面，单击右侧的【我的好友】按钮，如图7-42所示。

图7-42

第4步 进入好友列表界面，❶选择准备邀请参加的好友，❷单击【确定】按钮，如图7-43所示。

图7-43

第5步 即可进入【钉钉会议】界面，当所有的好友都接通后，即可进行语音视频会议了，如图7-44所示。

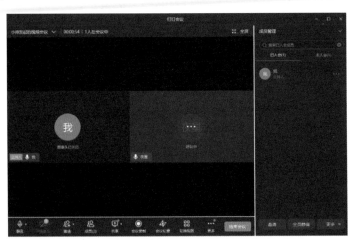

图7-44

7.2.2 使用钉钉云盘

钉钉是一款非常实用的工作应用软件，平常工作中的文件、文档等都可以保存在云盘中，这样更方便在手机、电脑以及同事间传输文件，并且安全性很高。下面详细介绍使用钉钉云盘的相关操作方法。

操作步骤

第1步 启动并登录钉钉软件，❶单击左侧的【云盘】按钮 ⊙ ，进入【云盘】界面，❷单击【上传】按钮，❸在弹出的下拉列表中用户可以选择上传文件或上传文件夹，这里选择【上传文件】选项，如图 7-45 所示。

图 7-45

第2步 弹出【打开】对话框，❶选择准备上传的文件，❷单击【打开】按钮，如图 7-46 所示。

图 7-46

第3步 进入正在上传界面，显示上传进度，用户需要在线等待一段时间，如图 7-47 所示。

图 7-47

第4步 上传完毕后，系统会提示"上传完成"信息，这样即可完成使用钉钉云盘上传文件的操作，如图7-48所示。

图7-48

第5步 在【云盘】界面中，用户还可以新建文档、表格、脑图和文件夹，这里选择【文档】选项，如图7-49所示。

图7-49

第6步 进入【创建文档】界面，用户可以在这里编辑详细的文档内容，并且可以"@他人"协同一起创建文档，如图7-50所示。

图7-50

第7步 完成创建文档后，用户可以单击【分享】按钮，将文档分享给他人使用，如图7-51所示。

第8步 在【云盘】界面，单击左侧的【文件】按钮，即可查看云盘中的所有文件，如图7-52所示。

图 7-51

图 7-52

7.2.3 使用钉钉共享日历

作为国内领先的智能移动办公平台，钉钉不仅可以处理企业日常运转期间的部分工作，还可以将用户的日历分享给同事或其他人，以便更好地进行商务沟通和工作协同。下面详细介绍使用钉钉共享日历的操作方法。

操作步骤 Step by Step

第1步 启动并登录钉钉软件，❶单击左侧的【日历】按钮 ，进入【日历】界面，❷将鼠标指针移动到右侧的 … 按钮，❸在弹出的下拉列表框中选择【设置共享权限】选项，如图 7-53 所示。

图 7-53

第2步 弹出【设置共享权限】对话框，单击【添加共享人】按钮，如图 7-54 所示。

图 7-54

第4步 返回到【设置共享权限】对话框中，可以看到已经添加共享的联系人，❶选中【发送单聊通知】复选框，❷单击【完成】按钮，如图 7-56 所示。

第3步 弹出【添加共享人】对话框，❶选择准备添加的联系人，❷单击【确定】按钮，如图 7-55 所示。

图 7-55

第5步 可以看到提示"已添加"消息，这样即可完成使用钉钉共享日历的操作，如图 7-57 所示。

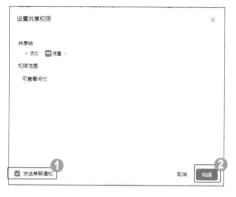

图 7-56

图 7-57

7.2.4 使用钉钉新建待办事项

钉钉里的待办功能是一个用户处理各种待办事项的中心，能帮助用户聚合在工作、学习上要做的事情。下面详细介绍使用钉钉新建待办事项的操作方法。

操作步骤   Step by Step

第1步 启动并登录钉钉软件，❶单击左侧的【待办】按钮 ，❷选中需要创建的内容，❸单击【立即开始】按钮，如图 7-58 所示。

图 7-58

第2步 可以看到已经自动创建了一个事项和工作计划，用户还可以单击【新建待办】按钮，如图 7-59 所示。

第3步 ❶在文本框中输入准备创建的事项说明，❷单击【添加】按钮，如图 7-60 所示。

第4步 在【以后或未安排】区域下方会显示刚刚创建的事项，这样即可完成使用钉钉新建待办事项的操作，如图 7-61 所示。

图 7-59

图 7-60

图 7-61

7.3 微信电脑版

微信电脑版是微信官方推出的微信电脑版客户端，通过微信电脑版可以享受到和微信网页版以及手机版一样的服务。微信电脑版可以语音通话和视频通话，非常方便。微信电脑版可以支持小程序浏览以及朋友圈浏览，功能更加丰富。本节将详细介绍使用微信电脑版的相关知识及操作方法。

7.3.1 使用微信电脑版进行聊天

使用微信电脑版可以轻松地与好友进行文字、语音以及视频聊天等。下面详细介绍使用微信电脑版进行聊天的操作方法。

操作步骤   Step by Step

第1步 启动并登录微信，打开与好友的聊天窗口，❶在窗口下方的文本框中，输入与好友的聊天内容，❷单击【发送】按钮，即可完成文字聊天的操作，如图 7-62 所示。

图 7-62

第3步 弹出语音会话窗口，提示"正在等待对方接受邀请"信息，如图 7-64 所示。

图 7-64

第2步 打开与好友的聊天窗口，在功能按钮栏中，单击【语音聊天】按钮 ，如图 7-63 所示。

图 7-63

第4步 对方接受邀请后，在语音聊天窗口下方，显示静音、挂断、音量按钮，用户可以根据需要进行相关操作，这样即可进行语音聊天，如图 7-65 所示。

图 7-65

159

第5步 在与好友的对话窗口中，在上方的功能按钮栏中，单击【视频聊天】按钮 □◁，如图 7-66 所示。

图 7-66

第6步 弹出与好友的视频通话窗口，提示"等待对方接受邀请"信息，如图 7-67 所示。

图 7-67

第7步 对方接受邀请后，即可显示自己和对方的视频图像，这样即可进行视频聊天，如图 7-68 所示。

图 7-68

第8步 当用户挂断语音或视频聊天后，在对话窗口中会显示相应的通话时长，如图 7-69 所示。

图 7-69

7.3.2 使用微信电脑版新建笔记

很多用户在办公中，喜欢用微信聊天工具与别人进行工作联系。有时候，需要发送一个产品的系列介绍时，需要发送很多个图片和文字说明，这些资料逐条发送会非常乱，其实可以建立成"笔记"发给别人，又快又清晰。下面详细介绍使用微信电脑版新建笔记的操作方法。

操作步骤   Step by Step

第1步 启动并登录微信电脑版软件，❶单击左侧的【收藏】按钮🗳️，❷单击【新建笔记】按钮，如图 7-70 所示。

图 7-70

第2步 打开【笔记详情】窗口，❶在文本框中输入笔记的文字内容，用户还可以设置文字的大小、字体、大纲模式等，❷单击【附件】按钮🗂️，如图 7-71 所示。

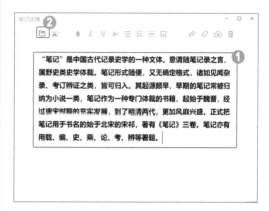

图 7-71

第3步 弹出【打开】对话框，❶选择准备插入笔记中的图片，❷单击【打开】按钮，如图 7-72 所示。

图 7-72

第4步 返回到【笔记详情】窗口中，可以看到已经将选择的图片插入该笔记中，这样即可达到图文混排的效果，单击【保存】按钮🔼，如图 7-73 所示。

图 7-73

161

第5步 返回到【收藏】界面中，可以看到已经将新建的笔记内容收藏了，这样即可完成使用微信电脑版新建笔记的操作，如图 7-74 所示。

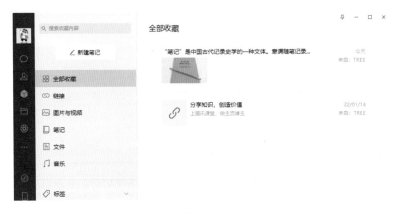

图 7-74

7.3.3 使用微信电脑版进行聊天记录的备份恢复

微信是腾讯公司推出的一款跨平台的通信工具，微信的电脑版本，其功能与手机版一样。Windows 版微信可以通过数据线将手机与电脑连接，同步备份聊天记录。下面详细介绍使用微信电脑版进行聊天记录的备份恢复的操作方法。

▌▌操作步骤   Step by Step

第1步 启动并登录微信电脑版软件，❶单击左下角的【更多】按钮▤，❷在弹出的下拉列表中选择【备份与恢复】选项，如图 7-75 所示。

图 7-75

第2步 弹出【备份与恢复】对话框，单击【备份聊天记录至电脑】按钮▭，如图 7-76 所示。

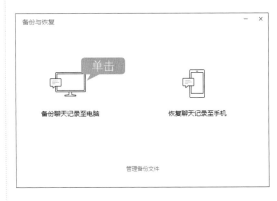

图 7-76

第3步 进入【请在手机上确认,以开始备份】界面,用户需要在手机微信上确认该操作,如图 7-77 所示。

图 7-77

第5步 在【备份与恢复】对话框中,单击【恢复聊天记录至手机】按钮 ,如图 7-79 所示。

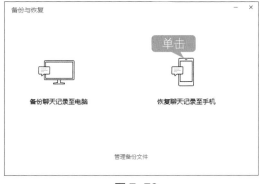

图 7-79

第4步 确认完毕后,会自动备份文件,进入【备份已完成】界面即可完成备份聊天记录的操作,如图 7-78 所示。

图 7-78

第6步 弹出【请选择需要传输的聊天记录】对话框,❶选中【全选】单选按钮,❷单击【确定】按钮,如图 7-80 所示。

图 7-80

第7步 进入【恢复到手机】界面，用户需要在手机微信上确认，开始进行恢复操作，如图7-81所示。

第8步 在手机上确认完毕后即可进行恢复，当进入【传输已完成，请在手机上继续恢复】界面，即可完成聊天记录的恢复，如图7-82所示。

图7-81

图7-82

7.4 360 安全云盘

360安全云盘是奇虎360科技的分享式云存储服务产品，为广大网民提供了存储容量大、免费、安全、便携、稳定的跨平台文件存储、备份、传递和共享服务。本节将详细介绍360云盘的相关知识及使用方法。

7.4.1 上传与下载文件

使用360安全云盘上传的文件保存在网盘上，这样就可以方便文件的调用，也可以避免安装系统不小心把文件弄丢。用户可以轻松地下载360安全云盘上的文件，从而方便在电脑中使用。下面详细介绍上传与下载文件的操作方法。

操作步骤 Step by Step

第1步 启动并运行"360安全云盘"应用程序，❶切换到【我的文件】选项卡，❷选择【所有文件】选项，❸单击【上传文件】按钮，如图7-83所示。

第2步 弹出【打开】对话框，❶选择准备上传的文件，❷单击【添加到云盘】按钮，如图7-84所示。

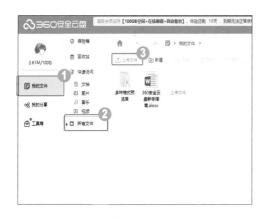
图 7-83

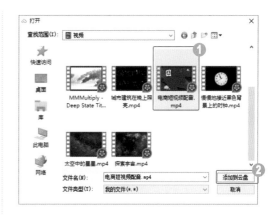
图 7-84

第 3 步 返回到【我的文件】界面中，在界面最下方可以看到"正在上传文件的数量、上传时间、上传速度"等信息，选择【传输列表】选项，如图 7-85 所示。

图 7-85

第 4 步 进入【传输列表】界面中，切换到【已完成】选项卡，可以看到已经完成上传的文件，这样即可完成上传文件的操作，如图 7-86 所示。

图 7-86

第5步 返回到【我的文件】界面中，❶选择准备进行下载的文件，❷单击【下载】按钮，如图 7-87 所示。

图 7-87

第7步 完成下载后，会弹出【下载完成】对话框，提示"已经下载完成"，用户可以单击【打开文件夹】按钮，如图 7-89 所示。

图 7-89

第6步 弹出【浏览文件夹】对话框，❶选择准备保存文件的位置，❷单击【确定】按钮，如图 7-88 所示。

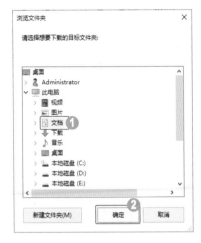

图 7-88

第8步 打开下载文件所在的目录窗口，可以看到已经下载好的文件，这样即可完成下载文件的操作，如图 7-90 所示。

图 7-90

7.4.2 文件保险箱

在使用 360 安全云盘的时候，为了更好地保护用户的隐私安全，可以将一些文件保存在保险箱中。用户可以使用 360 安全云盘保险箱专门设置一个密码，然后将这些文件保存到保险箱中。下面详细介绍使用文件保险箱的操作方法。

操作步骤

第1步 启动并运行"360安全云盘"应用程序，❶切换到【我的文件】选项卡，❷选择【保险箱】选项，❸单击【启用保险箱】按钮，如图7-91所示。

图 7-91

第2步 打开【360安全云盘】网页，并弹出【启用文件保险箱】对话框，单击【立即设置】按钮，如图7-92所示。

图 7-92

第3步 弹出【设置安全密码】对话框，❶输入准备设置保险箱的密码，❷再次确认输入密码，❸单击【确定】按钮，如图7-93所示。

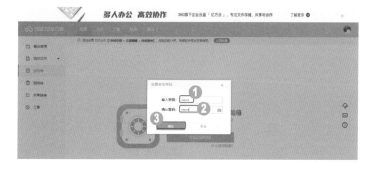

图 7-93

第4步 这时用户即可进入文件保险箱了，如果不想用了，可以单击【立即锁上保险箱】按钮，如图 7-94 所示。

图 7-94

第5步 进入下一个页面，提示"文件保险箱在安全密码保护下"信息，这时再次进入保险箱就需要输入密码才能进入，如图 7-95 所示。

图 7-95

第6步 返回到【360 安全云盘】应用程序主界面，在弹出的【360 安全云盘】对话框中，单击【刷新】按钮，如图 7-96 所示。

第7步 可以看到应用程序中也已经提示"文件保险箱已上锁"信息，这样即可完成使用文件保险箱的操作，如图 7-97 所示。

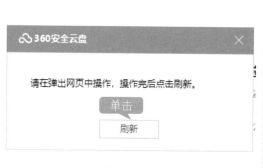

图 7-96

图 7-97

7.4.3 使用 360 安全云盘分享文件

360 安全云盘也有分享功能，可以很方便地把自己认为有价值的东西同时分享给多个好友。下面详细介绍使用 360 安全云盘分享文件的操作方法。

操作步骤

Step by Step

第 1 步 启动并运行 "360 安全云盘" 应用程序，❶ 切换到【我的文件】选项卡，❷ 选择【所有文件】选项，❸ 右击准备进行分享的文件，❹ 在弹出的快捷菜单中选择【链接分享】命令，如图 7-98 所示。

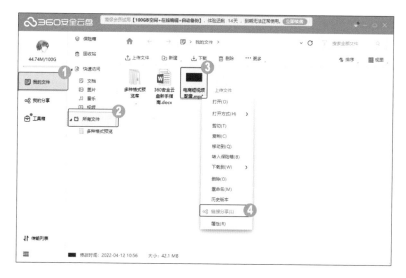

图 7-98

第2步 弹出【分享】对话框，用户可以单击【复制】按钮，复制链接和提取码，将其发送给好友，从而进行分享，如图7-99所示。

图7-99

第3步 返回到360安全云盘应用程序主界面中，切换到【我的分享】选项卡，在这里可以看到已经分享的文件，也可以查看所分享文件的提取码及大小等信息，如图7-100所示。

图7-100

7.5 腾讯会议

腾讯会议电脑版是腾讯推出的云视频会议产品，具备安全可靠的会议协作体验，专长于跨企业、跨区域沟通协作，多终端入口及丰富协作功能可大大提高会议效率。腾讯会议PC客户端个人版可以免费体验最多25人的视频会议，企业版可以支持300多人同时参会，1080P高清画质，消除环境噪声、畅享沉浸式交流。

7.5.1 预定一场会议

腾讯会议的应用已经越来越广泛了，这种会议系统也特别安全，不会泄露重要的信息。下面详细介绍预定会议的操作方法。

操作步骤   Step by Step

第1步 启动并运行腾讯会议应用程序，单击【预定会议】按钮，如图7-101所示。

第2步 弹出【预定会议】对话框，❶输入会议的主题，❷设置开始时间以及结束时间，如图7-102所示。

图 7-101

图 7-102

第3步 如果会议重复性很高，①可以选中
【周期性会议】复选框，②设置重复频率以
及结束时间，③选中【日历】下方的单选按钮，
这里选中 Outlook 单选按钮，即可将会议添
加到邮箱日历中，方便管理，如图 7-103 所示。

第4步 ①选中【开启会议密码】复选框，
并输入密码，加强会议的安全保障性，②用
户可以根据个人需要继续设置其他选项，
③单击【预定】按钮，如图 7-104 所示。

图 7-103

第5步 提示"会议预定成功"信息，即可
成功预定会议，如图 7-105 所示。

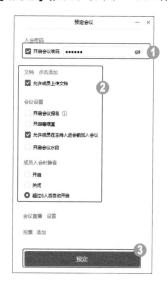

图 7-104

第6步 该会议将出现在用户的会议列表
中，这样即可完成使用腾讯会议预定一场会
议的操作，如图 7-106 所示。

图 7-105

图 7-106

7.5.2 邀请并加入一场会议

　　用户可以通过会议号、会议链接、小程序等快速加入一场会议。下面详细介绍邀请并加入一场会议的操作方法。

操作步骤　　　　　　　　　　　　　　　　　　　　　　　　　　Step by Step

第1步 启动并运行腾讯会议应用程序，❶将鼠标指针移动到创建的会议上方，❷单击【进入会议】下拉按钮，❸在弹出的下拉列表中选择【复制邀请】选项，如图 7-107 所示。

第2步 弹出【会议号】对话框，单击右下角的【复制会议号和链接】按钮，如图 7-108 所示。

图 7-107

图 7-108

第3步 将复制的内容粘贴到一个聊天会话窗口中，然后单击内容中的链接，如图 7-109 所示。

图 7-109

第4步 弹出一个【腾讯会议】窗口，可以看到这里有两种方式进行入会，单击【电话入会】按钮，如图 7-110 所示。

图 7-110

第5步 选择所在区域的电话即可入会，如图 7-111 所示。

图 7-111

第6步 单击【小程序入会】按钮，即可弹出一个小程序，无须下载 App，通过微信扫描小程序码即可快速入会，如图 7-112 所示。

图 7-112

第7步 单击【加入会议】按钮，打开腾讯会议软件，系统会弹出【请选择会议音频的接入方式】对话框，这里选择【电脑音频】，单击【使用电脑音频】按钮即可加入会议，如图 7-113 所示。

图 7-113

第9步 用户还可以通过输入会议号的方式加入会议，收到会议邀请消息后，找到会议 ID 进行复制，如图 7-115 所示。

图 7-115

第11步 弹出【加入会议】对话框，❶ 输入会议号，❷ 单击【加入会议】按钮，如图 7-117 所示。

第8步 进入腾讯会议的会场主界面，用户在这里就可以与他人进行线上高效办公了，如图 7-114 所示。

图 7-114

第10步 启动腾讯会议软件，单击【加入会议】按钮，如图 7-116 所示。

图 7-116

第12步 进入腾讯会议的会场主界面，这样即可完成邀请并加入会议的操作，如图 7-118 所示。

图 7-117

图 7-118

7.5.3 主持一场会议

使用腾讯会议，在会议中用户使用会议管理、会议控制等功能，可以安全高效地主持一场会议。下面详细介绍主持会议的操作方法。

操作步骤

Step by Step

第 1 步 会议前，设置会议密码和屏幕共享水印。单击【预定会议】按钮，打开【预定会议】对话框，❶选中【开启会议密码】复选框，设置密码，避免会议号泄露；❷选中【开启会议水印】复选框，防止会议信息泄露，如图 7-119 所示。

图 7-119

第 2 步 会议中，可以设置联席主持人协助管理，进入【腾讯会议】会场主界面中，单击下方的【管理成员】按钮，如图 7-120 所示。

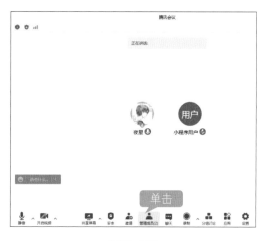

图 7-120

175

第3步 展开管理成员侧边栏，❶将鼠标指针移动到要设置为联席主持人的用户上方，❷单击【更多】按钮，❸在弹出的下拉列表框中选择【设为联席主持人】选项，如图 7-121 所示。

图 7-121

第4步 管理成员音频/视频权限。❶单击【管理成员】按钮，❷可以一键设置"全体静音""解除全体静音"等操作，如图 7-122 所示。

图 7-122

第5步 ❶单击【安全】按钮 ⬆，❷在弹出的下拉列表中选择【锁定会议】选项，则后面参会成员不可入会，保证会议安全，如图 7-123 所示。

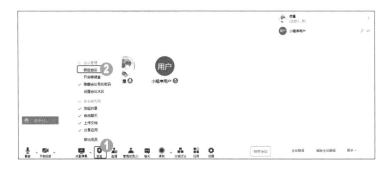

图 7-123

第6步 ❶单击【安全】按钮，❷在弹出的下拉列表中选择【开启等候室】选项，则参会成员需要通过主持人申请后方可入会，如图 7-124 所示。

图 7-124

第7步 导出参会人员名单。会议预定人可以使用 360 安全浏览器登录腾讯会议官网"meeting.tencent.com"，❶在个人中心选择【会议列表】选项，❷切换到【即将召开的会议】选项卡，❸在准备导出的会议右侧，单击【导出参会成员】超链接，如图 7-125 所示。

图 7-125

第8步 弹出【新建下载任务】对话框，单击【下载】按钮，如图 7-126 所示。

图 7-126

第9步 完成下载后，单击【打开】按钮，如图 7-127 所示。

图 7-127

第10步 即可打开导出的参会人员名单，如图 7-128 所示，通过以上操作即可完成主持一场会议的相关操作方法。

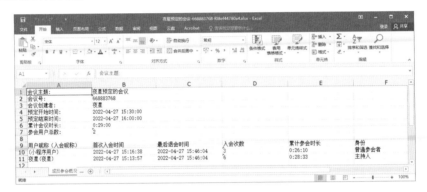

图 7-128

7.6 实战课堂——使用聊天与网盘工具

在日常工作和学习中，还有一些其他的聊天和网盘工具。本例将详细介绍使用 YY 语音以及使用百度网盘分享文件的相关操作方法。

<< 扫码获取配套视频课程，本节视频课程播放时长约为 2 分 46 秒。

7.6.1 使用 YY 语音

YY 语音是一款基于 Internet 团队创建的功能强大、音质清晰、安全稳定、不占用资源、反响良好、适应游戏玩家的免费语音软件。下面详细介绍使用 YY 语音的相关操作方法。

操作步骤

第1步 YY 作为一款娱乐软件，用户可以在里面看到很多节目，要使用 YY，用户首先得学会进入与退出 YY 频道的操作方法。启动并登录 YY 软件程序，在主界面右上角的文本框中输入准备进入的频道号码，然后按 Enter 键，如图 7-129 所示。

图 7-129

第2步 这样即可进入 YY 频道，❶用户可以在右下角的【发言】文本框中输入想要说的话，❷按 Enter 键，或单击【发送】按钮 ↵，即可进行频道发言，❸单击右上角的【关闭】按钮 ⏻，即可完成退出 YY 频道的操作，如图 7-130 所示。

图 7-130

第3步 启动并登录 YY 软件，在主界面右上角，❶单击【频道】按钮 ⌂，❷右击【我的频道】，❸在弹出的快捷菜单中选择【创建频道】命令，如图 7-131 所示。

图 7-131

第4步 弹出【创建频道】对话框，❶在【频道名称】文本框中输入准备创建的频道名称，❷在【选择 ID】文本框中显示的是系统分配好的 ID，用户还可以单击【自主选号】按钮选择 ID 号码，❸设置频道类别，❹选择频道模板，❺单击【立即创建】按钮，如图 7-132 所示。

图 7-132

第6步 进入自己所创建的频道里，在左侧上端显示频道名称及频道号，完成创建自己的 YY 频道，如图 7-134 所示。

第5步 进入【恭喜你，频道创建成功！】界面，单击【进入频道】按钮，如图 7-133 所示。

图 7-133

第7步 如果用户还想创建子频道，❶可以右击主频道，❷在弹出的快捷菜单中选择【新建子频道】命令，如图 7-135 所示。

图 7-134

图 7-135

第8步 弹出【创建子频道】对话框，❶设置频道名称，❷设置频道密码，❸选择频道模板，❹单击【确定】按钮，如图 7-136 所示。

第9步 可以看到在主频道下方会出现所创建的子频道，这样即可完成创建子频道的操作，如图 7-137 所示。

图 7-136

图 7-137

7.6.2 **使用百度网盘分享文件**

百度网盘是百度推出的一项云存储服务，已覆盖主流 PC 和手机操作系统，用户可以通过百度网盘轻松地进行照片、视频、文档等文件的网络备份、同步和分享。百度网盘可以为更多的人分享文件，每次会有一个链接和密码。当用户有百度网盘好友的时候，可以更简便地给好友分享文件。下面详细介绍分享文件的操作方法。

第1步 启动并运行百度网盘应用程序，❶选择准备分享的文件，❷单击【分享】按钮，如图7-138所示。

图 7-138

第3步 可以看到已经成功分享文件了，用户可以复制链接及提取码，或者复制二维码发给好友，让好友下载保存分享的文件，如图7-140所示。

图 7-140

第2步 弹出【分享文件】对话框，❶切换到【链接分享】选项卡，❷选择准备分享的形式，这里选中【有提取码】单选按钮，❸选择有效期，这里选中【7天】单选按钮，❹单击【创建链接】按钮，如图7-139所示。

图 7-139

第4步 在【分享文件】对话框中，❶切换到【发给好友】选项卡，❷选择一个好友，❸单击【分享】按钮，可以将文件单独分享给该好友，如图7-141所示。

图 7-141

第5步 在百度网盘应用主界面，❶切换到【我的分享】选项卡，❷可以看到刚刚分享的文件，单击该文件，如图 7-142 所示。

第6步 此时即可看到分享的链接和提取码，这样就完成分享文件的操作，如图 7-143 所示。

图 7-142

图 7-143

7.7 思考与练习

通过本章的学习，读者可以掌握即时聊天与网上办公的知识以及一些常见的操作方法。下面将针对本章知识点，有目的地进行相关知识测试，以达到巩固与提高的目的。

一、填空题

1. 在使用 360 安全云盘的时候，为了更好地保护用户的隐私安全，可以将一些文件放在保险箱中。用户可以使用 360 安全云盘保险箱专门设置一个 _____，然后将这些文件保存到保险箱中。

2. 使用 360 安全云盘上传的文件可以保存在网盘上，这样就可以方便文件的调用，也可以避免装系统时不小心把文件弄丢。用户还可以轻松地 _____360 安全云盘上的文件，从而方便在电脑中使用。

二、判断题

1. 在使用腾讯 QQ 聊天软件时，如果用户的 QQ 好友组不足或准备新建其他好友组，那么可以创建好友。　　　　　　　　　　　　　　　　　　　　　　（　　）

2. QQ 聊天软件不仅是一个可以在线聊天的软件，用户也可以通过 QQ 聊天软件传输文件，与好友分享个人文件资料。　　　　　　　　　　　　　　　　　　（　　）

三、简答题

1. 如何使用 QQ 传输文件？
2. 如何使用微信电脑版进行聊天记录的备份恢复？

第 **8** 章

网络短视频媒体制作工具

- 屏幕录像及课程制作——Camtasia Studio
- 音频和视频转换——格式工厂
- 爱剪辑

本章要点

本章主要
内容

　　本章主要介绍Camtasia Studio、格式工厂和爱剪辑软件方面的知识与使用技巧，在本章的最后还针对实际的工作需求，讲解使用格式工厂去除水印的方法。通过对本章内容的学习，读者可以掌握网络短视频媒体制作工具方面的知识，为深入学习计算机常用工具软件知识奠定基础。

8.1 屏幕录像及课程制作——Camtasia Studio

屏幕录像工具是录制来自计算机视窗环境桌面操作、播放器视频内容，包括录制QQ视频、游戏视频、电脑视窗播放器的视频等功能的专用软件。本节将详细介绍屏幕录像工具——Camtasia Studio方面的知识及使用方法。

8.1.1 录制视频前的准备

在录制视频之前，需要做好相应的准备。下面详细介绍使用Camtasia Studio录制视频前需要做的准备工作。

操作步骤 Step by Step

第1步 安装Camtasia Studio并启动程序，进入软件操作界面，单击【录制】按钮，如图8-1所示。

第2步 弹出录制工具栏，在【选择区域】下方，单击【全屏】按钮，如图8-2所示。

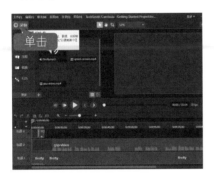

图8-1

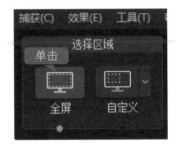

图8-2

第3步 在录制工具栏的【已录制输入】区域中，❶单击【相机关闭】按钮◉，❷单击【音频打开】按钮🎤，如图8-3所示。

第4步 设置完成后，单击rec按钮，即可开始录制视频，这样即可完成录制视频前的准备工作，如图8-4所示。

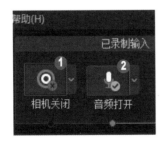

图8-3

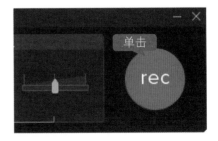

图8-4

8.1.2 屏幕录制

使用 Camtasia Studio 的录像器功能，可以轻松地记录屏幕动作，包括光标的运动、菜单的选择、弹出窗口、层叠窗口、打字和其他在屏幕上看得见的所有内容。除了录制屏幕，Camtasia Studio 还允许在录制的时候在屏幕上画图和添加效果，以便标记出想要录制的重点内容。下面详细介绍屏幕录制的操作方法。

操作步骤

Step by Step

第 1 步 在屏幕录制工具栏中，单击 rec 按钮，会弹出录制计时器框，提示"按 F10 停止录制。"信息，如图 8-5 所示。

图 8-5

第 3 步 停止录制后，会返回到软件操作界面，并显示刚刚录制的视频，❶单击右上角的【分享】按钮，❷在弹出的下拉列表中选择【本地文件】选项，如图 8-7 所示。

图 8-7

第 2 步 Camtasia Record 开始屏幕录制操作，在录制工具栏中，可以看到视频录制的持续时间，录制完成后，可以单击【停止】按钮█结束录制，如图 8-6 所示。

图 8-6

第 4 步 弹出【生成向导】对话框，❶单击【自定义生成设置】右侧的下拉按钮⌄，❷在弹出的下拉列表中选择准备使用的生成格式，❸单击【下一页】按钮，如图 8-8 所示。

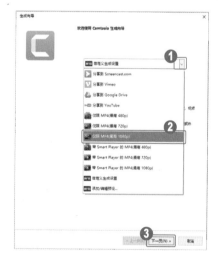

图 8-8

第5步 进入下一个界面，❶输入生成名称，❷设置生成视频所在的位置，❸单击【完成】按钮，如图8-9所示。

图 8-9

第6步 弹出【正在渲染项目】对话框，提示"正在渲染视频"信息，用户需要等待一段时间，如图8-10所示。

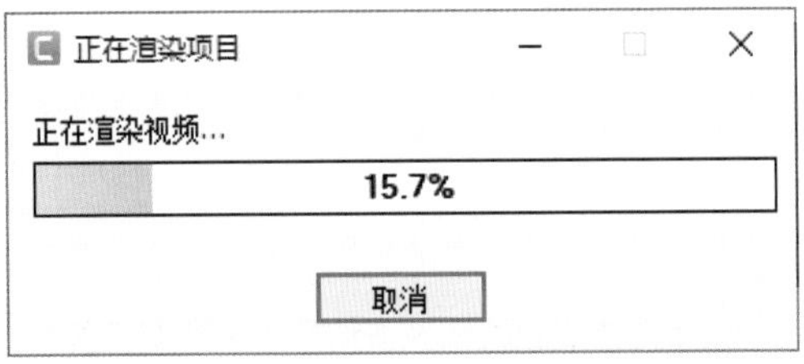

图 8-10

第7步 进入【生成完成】界面，显示详细的生成结果，单击【打开生成文件夹】按钮，如图8-11所示。

图 8-11

第8步 打开录制视频所在的路径，可以看到刚刚录制视频所生成的文件夹，这样即可完成屏幕录制的操作，如图8-12所示。

图 8-12

📝 知识拓展：创建生成预设

　　用户可以将设置保存为生成预设，从而方便更快、更轻松地进行以后的生成格式。在【生成结果】对话框中，单击【创建生成预设】按钮，弹出【创建生成预设】对话框，设置【预设名称】和【描述】后，单击【确定】按钮即可。

8.1.3 编辑视频

　　对于录制好的视频，可以对其进行编辑，如调整视频播放时间、更换背景音乐等。下面以缩短视频播放时间为例，详细介绍使用 Camtasia Studio 编辑视频的操作方法。

操作步骤 Step by Step

第 1 步 启动 Camtasia Studio 软件，❶切换到【媒体】选项卡，❷在【媒体箱】面板中单击【导入媒体】按钮，如图 8-13 所示。

图 8-13

第 2 步 弹出【打开】对话框，❶选择要导入的媒体文件，❷单击【打开】按钮，如图 8-14 所示。

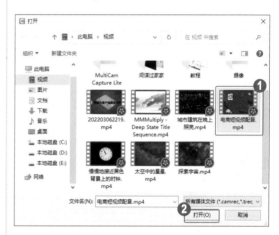

图 8-14

第 3 步 文件导入【媒体箱】面板中，❶右击导入的文件，❷在弹出的快捷菜单中选择【添加到位于播放头的时间轴】命令，如图 8-15 所示。

第 4 步 视频被添加到时间轴中，使用鼠标拖动轨道 1 中的箭头并向左拖动，至合适位置释放鼠标，这样即可完成缩短视频播放时间的操作，如图 8-16 所示。

图 8-15

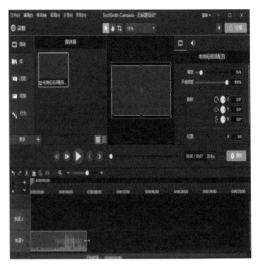

图 8-16

专家解读

在 Camtasia Studio 软件中，按 F9 快捷键即可开始录制操作，再次按下 F9 快捷键将暂停录制。F9 键是切换开始与暂停的快捷键，停止录制的快捷键则是 F10 键。

8.1.4 课堂范例——为视频添加旁白

为了让视频中的内容更加完整，可以向视频中加入一段旁白，此时可以使用 Camtasia Studio 软件中的语音旁白功能。本例详细介绍为视频添加旁白的操作方法。

<< 扫码获取配套视频课程，本节视频课程播放时长约为 46 秒。

配套素材路径：配套素材/第8章
素材文件名称：爱心公益广告.mp4

 操作步骤

Step by Step

第1步 导入本例的视频素材文件"爱心公益广告.mp4"到 Camtasia Studio 中，并将其添加到时间轴中，切换到左侧的【旁白】选项卡，如图 8-17 所示。

第2步 打开【旁白】面板，❶设置输入设备以及麦克风级别，❷在文本框中粘贴或输入脚本文本，❸单击【开始录音】按钮，如图 8-18 所示。

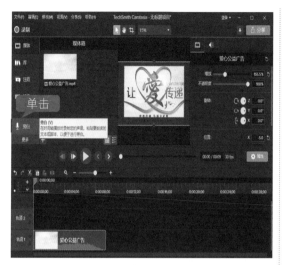

图 8-17

图 8-18

第 3 步 此时即可对应着脚本文本开始录制旁白，录制完成后单击【停止】按钮，如图 8-19 所示。

第 4 步 弹出【将旁白另存为】对话框，❶设置保存旁白声音的位置，❷设置旁白名称，❸单击【保存】按钮，如图 8-20 所示。

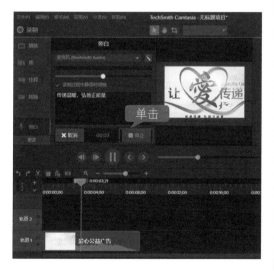

图 8-19

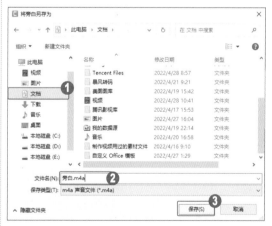

图 8-20

第 5 步 返回到软件的主界面中，可以看到录制的旁白在轨道 2 中，这样即可完成为视频添加旁白的操作，如图 8-21 所示。

图 8-21

8.2 音频和视频转换——格式工厂

格式工厂是一款免费多功能的多媒体文件转换工具。格式工厂功能强大，可以帮助用户简单快速地转换需要的视频文件格式。不仅如此，格式工厂软件操作简便，用户安装后就可以上手进行使用，为用户带来快速简便的使用体验。本节将详细介绍格式工厂的相关知识及使用方法。

8.2.1 转换视频文件格式

格式工厂的视频支持格式十分广泛，几乎囊括了所有类型的多媒体格式。下面以将视频格式转换为 MP4 格式为例，来详细介绍转换视频文件格式的操作方法。

第 1 步 启动并运行格式工厂软件，❶选择【视频】栏目，❷单击 MP4 按钮 ，如图 8-22 所示。

图 8-22

第 2 步 弹出 MP4 对话框，单击【添加文件】按钮，如图 8-23 所示。

图 8-23

第 3 步 弹出【请选择文件】对话框，❶选择准备进行转换的视频文件，❷单击【打开】按钮，如图 8-24 所示。

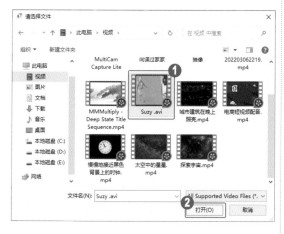

图 8-24

第 4 步 返回到 MP4 对话框中，可以看到选择进行转换的视频文件，单击下方【输出目录】右边的【文件夹】按钮 ，如图 8-25 所示。

图 8-25

第5步 弹出 Please select folder 对话框，❶选择准备导出转换视频的文件夹位置，❷单击【选择文件夹】按钮，如图 8-26 所示。

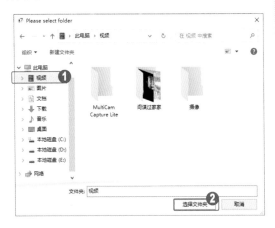

图 8-26

第7步 返回到格式工厂软件主界面中，可以看到已经设置好的准备转换的视频，单击【开始】按钮，如图 8-28 所示。

图 8-28

第9步 视频转换完成后，会在系统桌面右下角弹出一个【任务完成】提示框，用户可以选中转换的视频文件，单击【打开输出文件夹】按钮 📁，如图 8-30 所示。

第6步 返回到 MP4 对话框中，可以看到输出文件夹已被改变，单击右下角的【确定】按钮，如图 8-27 所示。

图 8-27

第8步 视频正在转换中，用户需要在线等待一段时间，如图 8-29 所示。

图 8-29

第10步 打开转换后的视频所在的文件夹，可以看到已经转换完成的视频文件，这样即可完成转换视频文件格式的操作，如图 8-31 所示。

图 8-30

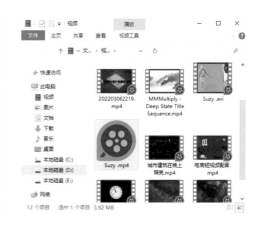

图 8-31

8.2.2 视频合并 & 混流

格式工厂除了可以对各种视频、音频和图片文件进行格式转换，还有很多方便快捷的附加功能。格式工厂的"视频合并 & 混流"功能可以快速将视频、图片以及音频混流合并到一起，用户即使没有专业的知识，也可以对音频与视频进行混流合并操作，从而快速制作出一个短视频。下面详细介绍其操作方法。

操作步骤 Step by Step

第 1 步 启动格式工厂软件，❶切换到【视频】选项卡，❷单击【视频合并 & 混流】按钮，如图 8-32 所示。

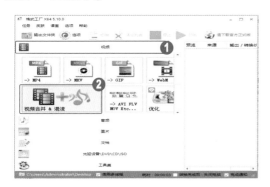

图 8-32

第 2 步 弹出【视频合并 & 混流】对话框，❶设置【输出格式】为 MP4，❷切换到【视频】选项卡，❸单击【添加文件】按钮，如图 8-33 所示。

图 8-33

第 3 步 弹出【请选择文件】对话框，❶选择准备使用的视频文件，❷单击【打开】按钮，如图 8-34 所示。

第 4 步 返回到【视频合并 & 混流】对话框，可以看到刚刚选择的视频文件，单击【添加图片】按钮，如图 8-35 所示。

图 8-34

第5步 弹出【请选择文件】对话框，❶选择准备使用的图片文件，❷单击【打开】按钮，如图 8-36 所示。

图 8-35

第6步 返回到【视频合并 & 混流】对话框，可以看到刚刚选择的图片文件，单击【音频】按钮，切换到【音频】选项卡，如图 8-37 所示。

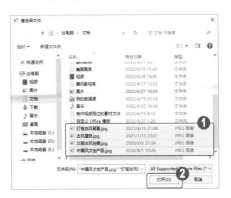

图 8-36

图 8-37

第7步 进入音频选择界面，单击【从音乐库添加】按钮，如图 8-38 所示。

第8步 弹出【音乐库】对话框，❶选择准备应用的音频，❷单击【应用】按钮，如图 8-39 所示。

图 8-38

图 8-39

第9步 可以看到刚刚选择的音频已被添加到音频项目中，单击【确定】按钮，如图 8-40 所示。

图 8-40

第11步 视频合并 & 混流完成后，会显示制作的视频大小等信息，单击【播放】按钮▶，如图 8-42 所示。

图 8-42

第10步 返回到软件的主界面中，❶在右侧选中刚刚创建的项目文件，可以看到显示"等待中"状态，❷单击【开始】按钮▶，如图 8-41 所示。

图 8-41

第12步 系统会自动以 FormatPlayer 播放器播放制作的短视频，这样即可使用"视频合并 & 混流"快速剪辑一个短视频，如图 8-43 所示。

图 8-43

8.2.3 修复损坏视频文件

在打开视频文件时，遇到损坏的视频，可以使用格式工厂为该视频进行格式转换，而在转换的过程中格式工厂会对视频进行修复，但这种修复可能存在一定的信号损失，所以转码过程中，参数设置很重要，如在 8.2.1 小节中的 MP4 对话框中，单击【输出配置】按钮，即可弹出【视频设置】对话框，可以在这里进行详细的参数设置，如图 8-44 所示。

图 8-44

✍️ 知识拓展：使用格式工厂转换图片格式

使用格式工厂可以转换音视频文件，也可以对图片进行转换。在工具栏中的【图片】选项栏中，选择要转换到的类型，在弹出的对话框中，选择要添加的文件或文件夹，设置好图片参数，单击【确定】按钮即可。

8.3 爱剪辑

爱剪辑是一款专业且实用的视频剪辑制作工具。它不仅可以轻松剪辑制作视频，支持海量影像效果的自由搭配，具备丰富的文字编辑方式，而且拥有 2000 多张图片、MV 滤镜效果、FX、动画效果等可供用户选择使用。此外，爱剪辑还支持给视频添加字幕、调色、加相框等剪辑功能，且具有诸多创新功能和影院级特效。

8.3.1 快速剪辑视频

作为一款视频剪辑软件，爱剪辑创新的人性化界面令用户不仅能够快速上手剪辑视频，无须花费大量的时间学习，而且爱剪辑超乎寻常的启动速度、运行速度也使用户剪辑视频过程更加快速、得心应手。下面详细介绍如何使用爱剪辑快速剪辑一个视频。

▌▌▌操作步骤　　　　　　　　　　　　　　　　　　　　　　　　Step by Step

第1步　启动爱剪辑软件，❶切换到【视频】选项卡，❷单击【添加视频】按钮，如图 8-45 所示。

图 8-45

第 2 步 弹出【请选择视频】对话框，❶选择准备进行剪辑的视频，❷单击【打开】按钮，如图 8-46 所示。

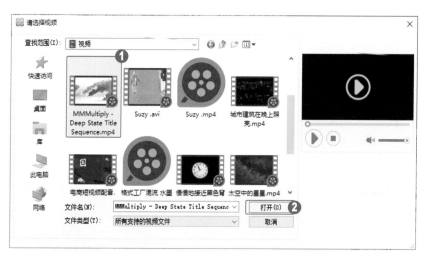

图 8-46

第 3 步 弹出【预览 / 截取】对话框，❶播放浏览视频，分别确定开始时间和结束时间，单击其右侧的【拾取】按钮，即可快速获取上方播放的视频所在的当前时间点，❷单击【播放截取的片段】按钮，可以预览播放截取后的视频内容，❸切换到【魔术功能】选项卡，如图 8-47 所示。

第 4 步 进入【魔术功能】界面，❶单击【对视频施加】右侧的下拉按钮▾，❷在弹出的下拉列表框中用户可以根据需要设置各种效果，❸单击【确定】按钮，即可完成使用爱剪辑快速剪辑视频的操作，如图 8-48 所示。

图 8-47   图 8-48

8.3.2　添加音频

　　使用爱剪辑软件添加视频后，用户可以根据个人需要添加好听的音频，即可快速为要剪辑的视频配上背景音乐获得相得益彰的效果。

操作步骤   Step by Step

第1步　启动爱剪辑软件，❶切换到【音频】选项卡，❷单击【添加音频】按钮，❸在弹出的下拉列表中选择【添加背景音乐】选项，如图 8-49 所示。

图 8-49

第 2 步 弹出【请选择一个背景音乐】对话框，❶选择准备添加的音频文件，❷单击【打开】
按钮，如图 8-50 所示。

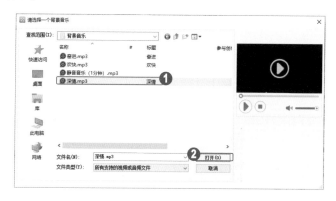

图 8-50

第 3 步 弹出【预览 / 截取】对话框，❶在【此音频将被默认插入到】区域下方，选中【最
终影片的 0 秒开始处】单选按钮，❷在【截取】区域，用户可以根据个人需要对音频进行相
应的截取，❸单击【确定】按钮，即可完成添加音频的操作，如图 8-51 所示。

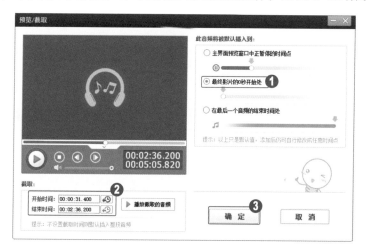

图 8-51

8.3.3 为视频添加酷炫字幕特效

剪辑视频时，我们可能需要为视频添加字幕，使剪辑的视频表达情感或叙事更直接。爱
剪辑除了为用户提供不胜枚举的常见字幕特效外，还能通过 "特效参数" 的个性化设置实现
更多特色字幕特效，让用户创意发挥不再受限于技能和时间，就能轻松制作出好莱坞大片范
的视频作品。下面详细介绍为视频添加酷炫字幕特效的操作方法。

操作步骤

第1步 ❶在爱剪辑软件主界面中切换到【字幕特效】选项卡，❷在右上角视频预览框的时间进度条上，单击要添加字幕特效的时间点，将时间进度条定位到要添加字幕特效处，❸双击视频预览框，如图8-52所示。

图 8-52

第3步 弹出【请选择一个音效】对话框，❶选择准备使用的音效音频，❷单击【打开】按钮，如图8-54所示。

图 8-54

第2步 弹出【编辑文本】对话框，❶在【请在下方输入文本：】文本框中输入准备添加的字幕内容，❷在"顺便配上音效"下方单击【浏览】按钮，为字幕特效配上音效，如图8-53所示。

图 8-53

第4步 返回到【编辑文本】对话框，可以看到添加的音效路径，单击【确定】按钮，如图8-55所示。

图 8-55

第5步 返回到爱剪辑软件主界面中，❶确保在视频预览框选中要添加的字幕特效，使其处于带方框的编辑状态，❷在【字幕特效】面板左上角"出现特效""停留特效""消失特效"的相应字幕特效列表中，选择准备使用的字幕特效，这里选择【出现特效】，❸在【好莱坞大片特效类】区域下方选中【缤纷秋叶】单选按钮，❹在【字体设置】栏目下方，设置字体、大小、排列、对齐、渐变等样式，❺单击【播放试试】按钮，如图 8-56 所示。

图 8-56

第6步 此时在视频预览框中即可看到制作的炫酷字幕特效，这样即可完成为视频添加炫酷字幕特效的操作，如图 8-57 所示。

图 8-57

✍ **专家解读：精准且灵活地调整字幕位置**

选中字幕，使其处于可编辑状态后，可通过拖动自由调整字幕位置，同时也可通过上、下、左、右方向键，精准到一个像素调整位置。

8.4 实战课堂——使用格式工厂去除水印

有时用户在网上下载了一个很喜欢的视频，很想拿来用，可是视频上加了水印，这时就可以使用格式工厂进行去除水印了。本例详细介绍使用格式工厂去除水印的操作方法。

<< 扫码获取配套视频课程，本节视频课程播放时长约为 1 分 02 秒。

配套素材路径：配套素材/第8章
素材文件名称：海上日落.mp4

操作步骤

第1步 启动并运行格式工厂，❶切换到【视频】选项卡，❷单击【去除水印】按钮，如图 8-58 所示。

第2步 弹出【请选择文件】对话框，❶选择本例准备去除水印的视频素材文件"海上日落.mp4"，❷单击【打开】按钮，如图 8-59 所示。

图 8-58

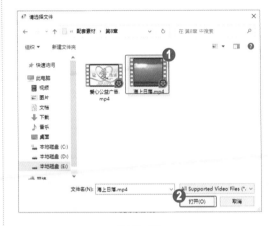

图 8-59

第3步 进入【视频编辑】界面，❶在【选择区域操作】右侧选择【去除水印】选项，❷在视频编辑区域，移动红色的方框，调整其大小和位置，将视频水印框选，❸单击【确定】按钮，如图 8-60 所示。

图 8-60

第 4 步 进入导出 MP4 对话框中，❶设置导出视频的输出位置，❷单击【确定】按钮，如图 8-61 所示。

图 8-61

第 5 步 返回到软件的主界面中，可以看到已经设置好并要进行导出的视频文件，单击【开始】按钮▶，即可进行导出去除水印后的视频文件，如图 8-62 所示。

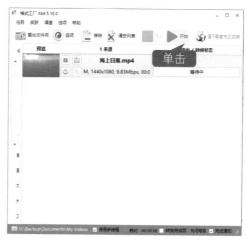

图 8-62

8.5 思考与练习

通过本章的学习，读者可以掌握网络短视频媒体制作工具的基本知识以及一些常见的操作方法。下面将针对本章知识点，有目的地进行相关知识测试，以达到巩固与提高的目的。

一、填空题

1. 格式工厂的 _____ 功能可以快速将视频、图片以及音频混流合并到一起，即使没有专业的知识，也可以对音频与视频进行混流合并操作，从而快速制作出一个短视频。

2. 剪辑视频时，我们可能需要为视频添加 _____，使剪辑的视频表达情感或叙事更直接。

二、判断题

1. 爱剪辑除了为用户提供不胜枚举的常见字幕特效，还能通过"特效参数"的个性化设置，实现更多特色字幕特效。   （   ）

2. 格式工厂是一款免费的多功能的多媒体文件工具。   （   ）

三、简答题

1. 如何使用 Camtasia Studio 进行屏幕录制？

2. 如何使用格式工厂转换视频文件格式？

第9章

电脑系统优化与安全维护

- ● 鲁大师
- ● 360安全卫士
- ● 驱动精灵

本章主要介绍鲁大师、360安全卫士和驱动精灵方面的知识与使用技巧，在本章的最后还针对实际的工作需求，讲解巧用360安全卫士工具的方法。通过对本章内容的学习，读者可以掌握电脑系统优化与安全维护方面的知识，为深入学习计算机常用工具软件知识奠定基础。

9.1 鲁大师

鲁大师软件是国内的一款专业优秀的硬件检测工具，适合于各种品牌台式机、笔记本电脑、手机、平板的硬件测试，实时地关键性部件的监控预警，全面的电脑硬件信息，有效预防硬件故障。本节将详细介绍鲁大师的相关知识及操作方法。

9.1.1 硬件体检

为了了解电脑的健康状态，用户可以使用鲁大师软件进行硬件体检，这样有助于提高电脑运行效率，维护电脑的最佳状态。下面详细介绍使用鲁大师进行硬件体检的操作方法。

▎操作步骤▎   Step by Step

第1步 启动并运行鲁大师软件，❶切换到【硬件体检】选项卡，❷单击【开始体检】按钮，如图 9-1 所示。

第2步 进入【正在体检】界面，用户需要在线等待一段时间，提示"正在检测硬件健康项"信息，如图 9-2 所示。

图 9-1

图 9-2

第3步 体检完毕后，会显示在电脑中发现的问题，单击【一键修复】按钮，即可完成硬件体检的操作，如图 9-3 所示。

■ 指点迷津

体检完毕后，用户可以在"硬件健康""清理优化""硬件防护"区域下方，单击【查看详情】超链接，即可进入相应的详细页面，从而查看详细的问题及功能项。

图 9-3

9.1.2 电脑硬件信息检测

使用鲁大师软件进行电脑硬件信息检测，会详细显示用户计算机的硬件配置信息，可以检测以下详细的硬件信息：处理器信息、主板信息、内存信息、硬盘信息、显卡信息、显示器信息、光驱信息、网卡信息、声卡信息、键盘和鼠标信息等。

使用鲁大师软件进行电脑硬件信息检测的操作十分简单。首先切换到【硬件参数】选项卡，然后选择准备进行检测的硬件选项即可查看硬件信息，如图 9-4 所示为处理器信息检测。

图 9-4

✐ 专家解读：如何分享自己的电脑信息

使用鲁大师软件在进行电脑硬件信息检测后，用户可以选择【总览】选项，然后单击右下角的【保存截图】按钮，从而分享自己电脑的硬件参数信息。

9.1.3 电脑综合性能评分

鲁大师软件的性能测试功能是用来全面测试电脑的性能，包括处理器测试、显卡测试、内存测试和磁盘测试，测试后会有评分，评分越高说明电脑的性能越好。下面详细介绍使用鲁大师软件进行电脑性能测试的操作方法。

第1步 启动并运行鲁大师软件，❶切换到【硬件评测】选项卡，❷单击【开始评测】按钮，如图9-5所示。

图 9-5

第3步 完成测试后，用户就可以看到电脑的综合性能、处理器性能、显卡性能、内存性能和硬盘性能的评分，如图9-7所示。

■ 指点迷津

切换到【硬件评测】选项卡后，用户可以选择右侧上方的【AI评测】选项，然后单击【开始评测】按钮，即可评估电脑硬件在支持人工智能（如阅读理解、人脸识别等）应用上的性能。

第2步 进入"正在检测"界面，用户需要在线等待一段时间，系统会自动依次根据处理器性能、显卡性能、内存性能和磁盘性能，进行测试评分，如图9-6所示。

图 9-6

图 9-7

9.1.4 温度管理

电脑使用一段时间之后会出现温度稍高的问题，使用鲁大师软件可以对电脑的硬件信息有一个清晰的检测，从而进行温度管理。下面详细介绍使用鲁大师软件进行温度管理的操作方法。

启动鲁大师软件，❶切换到【硬件防护】选项卡，进入【硬件防护】界面，在这里用户可看到电脑各硬件的温度以及散热情况。❷将右侧的【高温警报】开启，当温度过高时，系统会进行报警提示。❸在【节能降温设置】区域中有多种降温模式可供用户选择，每一种模式的效果是不一样的，用户可以根据需要进行选择，如图9-8所示。

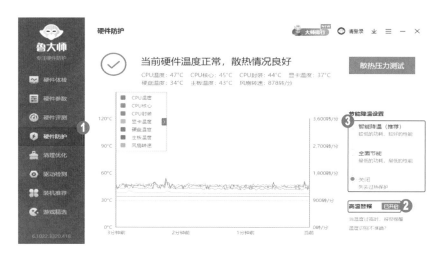

图 9-8

9.1.5　清理优化

鲁大师软件的功能也很丰富，用户还可以使用它进行优化清理系统，从而提升电脑的运行速度。下面详细介绍使用鲁大师软件清理优化系统的操作方法。

操作步骤　　　　　　　　　　　　　　　　　　　　　　　　　　　Step by Step

第 1 步　启动鲁大师软件，❶在主界面中切换到【清理优化】选项卡，❷单击【智能扫描】按钮，如图 9-9 所示。

第 2 步　进入【清理扫描】界面中，用户需要在线等待一段时间，如图 9-10 所示。

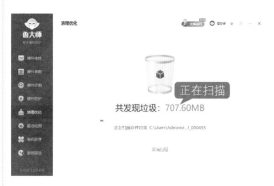

图 9-9

图 9-10

第 3 步　扫描结束后，会显示扫描出的垃圾文件信息，单击【立即清理】按钮，如图 9-11 所示。

第 4 步　进入【清理完成】界面，显示完成清理信息，通过以上步骤即可完成使用鲁大师软件进行系统清理优化的操作，如图 9-12 所示。

| 图 9-11 | 图 9-12 |

✏️ **知识拓展：精准清理垃圾**

使用鲁大师软件清理优化功能，扫描结束后，用户可以在系统垃圾、软件垃圾、痕迹信息三大项中，根据需要选择或取消选择准备清理的垃圾大项，并且可以单击下方的【查看详情】超链接，然后在弹出的对话框中，可以更加精确地选择清理项目。

9.2　360 安全卫士

360 安全卫士软件拥有查杀木马、电脑清理、系统修复、优化加速、电脑体检、保护隐私等多种功能，可以智能地拦截各类木马，保护用户的账号等重要信息。本节将介绍 360 安全卫士的相关知识及使用方法。

9.2.1　电脑体检

使用 360 安全卫士软件进行电脑体检可以全面地查出电脑中的不安全和速度慢问题，并且能一键进行修复。下面详细介绍使用 360 安全卫士软件进行电脑体检的操作方法。

▌**操作步骤**　　　　　　　　　　　　　　　　　　　　　　　　Step by Step

第 1 步　启动并运行 360 安全卫士软件，单击【立即体检】按钮，如图 9-13 所示。

第 2 步　进入【智能扫描中】界面，用户需要等待一段时间，如图 9-14 所示。

图 9-13

图 9-14

第3步 扫描结束后，系统会显示检查的项目及电脑状态，单击【一键修复】按钮，即可完成电脑体检的操作，如图 9-15 所示。

■ 指点迷津

　　扫描结束后，用户还可以根据个人需要在【共检查了 17 项，以下 3 项有问题，需要修复】区域下方对有问题的项目进行相应的处理。

图 9-15

9.2.2 木马查杀

　　360 安全卫士软件中的木马查杀功能通过扫描木马、易感染区、系统设置、系统启动项、浏览器组件、系统登录和服务、文件和系统内存、常用软件、系统综合和系统修复项，来进行彻底地查杀修复电脑中的问题。下面详细介绍木马查杀的操作方法。

操作步骤   Step by Step

第1步 启动 360 安全卫士软件，单击【木马查杀】按钮，进入【木马查杀】界面，单击【快速查杀】按钮，如图 9-16 所示。

第2步 进入【正在扫描】界面，用户需要等待一段时间，如图 9-17 所示。

图 9-16

图 9-17

第 3 步 扫描结束后，如果没有发现木马病毒，用户单击【完成】按钮即可。如果扫描发现问题，系统会提示需要处理的危险项，用户可以单击【一键处理】按钮，即可完成木马查杀的操作，如图 9-18 所示。

■ 指点迷津

扫描结束后，单击【查看详情】超链接，即可在弹出的对话框中查看 360 木马查杀扫描日志、扫描选项、扫描内容、白名单设置以及扫描结果等详细信息。

图 9-18

9.2.3 电脑清理

360 安全卫士软件中的电脑清理功能，可以将一些没用的垃圾文件进行清理，让用户的电脑保持最轻松的状态。下面详细介绍电脑清理的操作方法。

操作步骤   Step by Step

第 1 步 启动并运行 360 安全卫士软件，❶单击【电脑清理】按钮，❷单击【一键清理】按钮，如图 9-19 所示。

图 9-19

第 2 步 进入【正在扫描】界面，用户需要等待一段时间，如图 9-20 所示。

图 9-20

第3步 扫描结束后，系统会提示需要进行清理的插件、软件以及垃圾文件等，单击【一键清理】按钮，如图 9-21 所示。

图 9-21

第4步 进入【智能清理中】界面，用户需要在线等待一段时间，如图 9-22 所示。

图 9-22

第5步 进入【已清理】界面，用户还可以根据个人需要选择是否深度清理或跳过，这里单击【跳过】超链接，如图 9-23 所示。

图 9-23

第6步 进入【清理完成】界面，显示完成清理的情况，单击【完成】按钮即可完成电脑清理的操作，如图 9-24 所示。

图 9-24

9.2.4 优化加速

360 安全卫士软件中的优化加速功能可以全面提升用户电脑的开机速度、系统速度、上网速度和硬盘速度等。下面将详细介绍优化加速的操作方法。

操作步骤 Step by Step

第1步 启动并运行 360 安全卫士软件，❶单击【优化加速】按钮，❷单击【一键加速】按钮，如图 9-25 所示。

第2步 进入【智能扫描中】界面，用户需要等待一段时间，如图 9-26 所示。

图 9-25

图 9-26

第3步 扫描完成后，系统会提示需要进行的优化项，单击【立即优化】按钮，如图 9-27 所示。

第4步 弹出【一键优化提醒】对话框，❶选择准备进行优化的项目，❷单击【确认优化】按钮，如图 9-28 所示。

图 9-27

图 9-28

第5步 进入【已优化】界面，显示优化结果，用户可以单击【返回】超链接完成优化，或单击【继续优化】按钮，继续选择要优化的项目，如图 9-29 所示。

■ 指点迷津

除软件加速项外，其他已优化的项目，用户都可以在智能扫描结束后的界面中单击【优化记录】超链接进行恢复。

图 9-29

9.3 驱动精灵

驱动精灵软件是一款集驱动管理和硬件检测于一体的、专业级的驱动管理和维护工具。驱动精灵软件为用户提供驱动备份、恢复、安装、删除、在线更新等实用功能。本节将详细介绍使用驱动精灵软件的相关知识及具体方法。

9.3.1 更新驱动

为了让硬件的兼容性更好，厂商会不定期地推出硬件驱动的更新程序，以保证硬件功能最大化。驱动精灵提供了专业级驱动识别能力，能够智能识别计算机硬件并且给用户的计算机匹配最适合的驱动程序，严格保证系统稳定性。下面以更新 Realtek 系列网卡驱动为例，详细介绍如何使用驱动精灵更新驱动程序。

操作步骤 Step by Step

第 1 步 在驱动精灵主界面下方，单击【驱动管理】按钮，如图 9-30 所示。

图 9-30

第 2 步 进入下一个界面，❶切换到【驱动管理】选项卡，❷在准备进行更新驱动的右侧，单击【升级驱动】按钮，如图 9-31 所示。

图 9-31

第 3 步 进入【正在下载、安装驱动，请勿重启计算机】界面，可以看到正在下载需要更新的驱动，如图 9-32 所示。

图 9-32

第 5 步 进入【可以安装该程序了】界面，单击【安装】按钮，如图 9-34 所示。

第 4 步 弹出 Realtek Ethernet Controller Driver 对话框，单击【下一步】按钮，如图 9-33 所示。

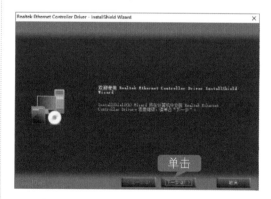

图 9-33

第 6 步 进入【安装状态】界面，用户需要在线等待一段时间，如图 9-35 所示。

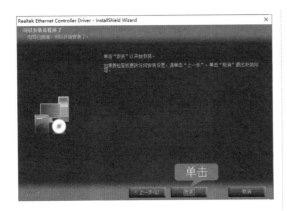

图 9-34

图 9-35

第7步 进入【InstallShield Wizard 完成】界面，单击【完成】按钮，如图 9-36 所示。

第8步 返回【驱动管理】界面，可以看到网卡驱动显示"安装完成"信息，这样即可完成更新驱动的操作，如图 9-37 所示。

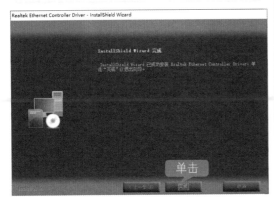

图 9-36

图 9-37

9.3.2 驱动备份与还原

驱动精灵软件除了具有更新驱动程序的功能以外，还具有驱动备份和还原的功能，方便重装电脑系统后快速地安装驱动程序，这样省去了很多找驱动的麻烦。下面详细介绍使用驱动精灵进行驱动备份与还原的操作方法。

操作步骤   Step by Step

第1步 进入【驱动管理】界面，❶单击界面右侧的下拉按钮，❷在弹出的下拉列表框中选择【备份】选项，如图 9-38 所示。

第2步 进入【备份驱动】界面，❶切换到【备份驱动】选项卡，❷在准备进行备份驱动的右侧，单击【备份】按钮，如图 9-39 所示。

图 9-38

第 3 步 进入【正在备份…】界面，用户需要在线等待一段时间，如图 9-40 所示。

图 9-40

第 5 步 进入【驱动备份还原】界面，❶切换到【还原驱动】选项卡，❷在准备进行还原驱动的右侧，单击【还原】按钮，如图 9-42 所示。

图 9-42

图 9-39

第 4 步 进入【备份完成，可在驱动精灵内还原驱动】界面，显示"备份完成"信息，这样即可完成备份驱动，如图 9-41 所示。

图 9-41

第 6 步 当显示"还原完成"信息，即可完成还原驱动的操作，如图 9-43 所示。

图 9-43

9.3.3 卸载驱动程序

对于因错误安装或其他原因导致的驱动程序残留，可以使用驱动精灵卸载驱动程序。下面以卸载 Realtek HD Audio 音频驱动为例，详细介绍如何使用驱动精灵卸载驱动程序。

操作步骤　　　　　　　　　　　　　　　　　　　　　Step by Step

第1步　进入【驱动管理】界面，❶在准备进行卸载驱动的右侧，单击下拉按钮▼，❷在弹出的下拉列表框中选择【卸载】选项，如图 9-44 所示。

第2步　弹出【驱动卸载】对话框，单击【继续卸载】按钮，如图 9-45 所示。

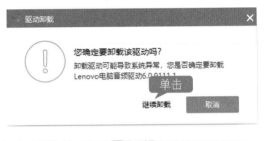

图 9-45

图 9-44

第3步　进入【正在卸载驱动程序】界面，用户需要在线等待一段时间，如图 9-46 所示。

第4步　进入【驱动卸载成功】界面，单击【确定】按钮，并且在【驱动管理】界面中会显示"卸载完成"信息，即可完成卸载驱动程序的操作，如图 9-47 所示。

图 9-47

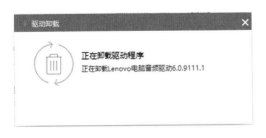

图 9-46

知识拓展：使用驱动精灵清理垃圾

驱动精灵不仅可以帮助用户找到驱动程序，还提供垃圾清理功能，在主界面中单击【垃圾清理】按钮，进入【驱动精灵－垃圾清理】对话框中，系统会自动扫描电脑中的垃圾文件，扫描结束后，用户可以根据个人需求，选择清理电脑中的垃圾文件。

9.4 实战课堂——巧用 360 安全卫士工具

360 安全卫士不仅仅具有杀毒、清理、优化加速等重要功能，其实它还有很多实用的附加动能，例如测试宽带速度、设置默认软件等。本例将介绍巧用 360 安全卫士工具的相关方法。

＜＜ 扫码获取配套视频课程，本节视频课程播放时长约为 1 分 17 秒。

9.4.1 测试宽带速度

现在办理的宽带，运营商都会说网速是几兆的宽带，但是往往可能并没有运营商说得那么快。下面详细介绍使用 360 安全卫士测试宽带速度的方法。

操作步骤   Step by Step

第 1 步 启动 360 安全卫士软件，进入主界面后，单击【功能大全】按钮 ⚙，如图 9-48 所示。

第 2 步 进入【功能大全】界面，❶切换到【网络】选项卡，❷单击【宽带测速器】按钮，如图 9-49 所示。

图 9-48

图 9-49

第 3 步 弹出【360 宽带测速器】对话框，显示"正在进行宽带测速，整个过程大概需要 15 秒"信息，用户需要在线等待一段时间，如图 9-50 所示。

第 4 步 当测速完成后，会显示最大的接入速度和相当于几兆的宽带，通过以上步骤即可完成使用 360 安全卫士软件测试宽带速度的操作，如图 9-51 所示。

图 9-50

图 9-51

9.4.2 设置默认软件

每个人都有惯用的工具软件，但经常会遇到被篡改的情况，导致用起来不方便，用户可以通过 360 安全卫士软件提供的"默认软件"功能，轻松设置自己惯用的软件为默认软件。下面详细介绍设置默认软件的操作方法。

操作步骤 Step by Step

第 1 步 启动 360 安全卫士软件，进入主界面后，单击【功能大全】按钮，如图 9-52 所示。

第 2 步 进入【功能大全】界面，❶切换到【系统】选项卡，❷单击【默认软件】按钮，如图 9-53 所示。

图 9-52

图 9-53

第 3 步 弹出【默认软件设置】对话框，用户可以在这里设置自己常用的软件为默认软件，例如这里设置"邮件收发软件"栏中的Foxmail为默认软件，如图 9-54 所示。

第 4 步 可以看到 Foxmail 已经显示为"当前默认"状态，这样即可完成设置默认软件的操作，如图 9-55 所示。

图 9-55

图 9-54

9.5 思考与练习

通过本章的学习，读者可以掌握电脑系统优化与安全维护的基本知识以及一些常见的操作方法。下面将针对本章知识点，有目的地进行相关知识测试，从而达到巩固与提高的目的。

一、填空题

1. 鲁大师软件是国内的一款专业优秀的 _____ 工具，适合于各种品牌台式机、笔记本电脑、手机、平板的硬件测试，实时的关键性部件的监控预警，全面的电脑硬件信息，有效预防硬件故障。

2. 为了让硬件的兼容性更好，厂商会不定期地推出硬件驱动的 _____ 程序。

二、判断题

1. 使用 360 安全卫士软件进行电脑体检可以全面地查出电脑中的不安全和速度慢问题，并且能一键进行修复。 （ ）

2. 驱动精灵除了具有更新驱动程序功能以外，还具有驱动备份和卸载的功能，方便重装电脑系统后快速地安装驱动程序，这样省去了很多找驱动的麻烦。 （ ）

三、简答题

1. 如何使用鲁大师软件进行电脑综合性能评分？
2. 如何使用 360 安全卫士软件进行优化加速？

思考与练习答案

第1章

一、填空题

1. 工具软件
2. 功能
3. Alpha 版本
4. Beta 版本
5. 演示版
6. 正式版

二、判断题

1. 对
2. 错
3. 对
4. 错

三、简答题

1. 在 Windows 10 系统桌面下方，❶单击【开始】按钮 ⊞，❷在弹出的开始菜单中，选择【设置】命令。

打开【Windows 设置】窗口，单击【应用】按钮。

进入【应用和功能】界面，❶找到并选中【腾讯视频】应用，❷单击【卸载】按钮，❸在弹出的对话框中单击【卸载】按钮。

弹出【腾讯视频】对话框，❶选择【卸载】选项，❷单击【继续卸载】按钮。

进入下一个界面，单击【继续卸载】按钮。

弹出【腾讯视频 2022 卸载程序】窗口，显示"正在解除安装"信息，用户需要在线等待一段时间。

弹出一个对话框，显示"部分文件暂时

无法删除，在 Windows 重新启动之后将会被删除"，单击【确定】按钮。

进入【解除安装已完成】界面，提示"卸载完成"信息，单击【关闭】按钮即可完成卸载"腾讯视频"软件。

2. 启动 360 安全卫士，单击右上角处的【软件管家】按钮。

进入【360 软件管家】界面，单击【卸载】按钮。

进入卸载界面，在【全部软件】区域，❶选择【光影看图】选项，❷单击其对应的【一键卸载】按钮。

可以看到正在卸载软件，用户需要在线等待一段时间。

可以看到已经将选择的软件卸载完毕，并显示节约磁盘空间大小，这样即可完成使用 360 软件管家卸载工具软件的操作。

第2章

一、填空题

1. 压缩
2. 密码
3. 大文件
4. 自解压文件
5. 文件加密
6. 单页视图、双页视图

二、判断题

1. 对
2. 对
3. 错

4. 对

三、简答题

1. ❶右击电脑中要压缩的文件，❷在弹出的快捷菜单中，选择【添加到压缩文件】命令。

弹出【压缩文件名和参数】对话框，❶在【压缩文件名】文本框中输入压缩文件名称，❷单击【设置密码】按钮。

弹出【输入密码】对话框，❶在【输入密码】与【再次输入密码以确认】文本框中，输入要设置的密码，❷单击【确定】按钮。

返回到【带密码压缩】对话框，单击【确定】按钮。

弹出【正在创建压缩文件】对话框，显示压缩进度。

鼠标双击压缩完成的文件，可以看到在文件列表后方带有"*"号标志的文件，说明文件已经被添加密码。

鼠标双击带有"*"号标志的文件，系统即可弹出【输入密码】对话框，在【输入密码】文本框中，输入相应的密码，单击【确定】按钮即可查看相应的文件，通过以上步骤即可完成为压缩文件添加密码的操作。

2. 在打开的【文件夹加密超级大师】的程序窗口中，单击【数据粉碎】按钮。

弹出【浏览文件或文件夹】对话框，❶选择准备粉碎的文件，❷单击【确定】按钮。

弹出一个对话框，提示"所选定的文件将被不可恢复地粉碎删除"，单击【是】按钮。

弹出【粉碎删除文件】对话框，显示删除进度，完成后会弹出一个对话框，提示"成功完成"信息，单击 OK 按钮即可完成数据粉碎的操作。

3. 使用 Adobe Acrobat Pro DC 软件打开一个文档后，在页面右侧的工具栏中，单击

【注释】按钮。

系统会打开一个【注释】工具条，单击工具条中的【添加注释】按钮。

此时鼠标指针会变为⊟形状，将其移动到准备添加注释的文本上方并单击。

此时在右侧会弹出一个文本框，❶用户可以在其中输入准备添加的注释内容，❷单击【发布】按钮。

完成发布注释内容后，单击工具条中的【关闭】按钮。

返回到软件主界面中，将鼠标指针移动到添加注释的位置处，会弹出一个提示框，显示添加的注释信息，这样即可完成为 PDF 文档添加注释信息的操作。

第 3 章

一、填空题

1. 版权

2. 数码暗房

二、判断题

1. 对

2. 错

三、简答题

1. 启动 ACDSee 软件，❶在【文件夹】任务窗格中展开图片所在的文件夹目录，❷按 Ctrl 键，同时在【缩略图】任务窗格中选择准备批量旋转的图片。

在菜单栏中选择【工具】→【批量】→【旋转/翻转】命令。

弹出【批量旋转/翻转图像】对话框，❶在左侧区域单击准备翻转的方向按钮，如单击【逆时针 90°】按钮，❷单击【开始旋

转】按钮。

弹出【正在旋转文件】对话框，用户需要在线等待一段时间，旋转完成后，单击【完成】按钮。

返回到 ACDSee 应用程序主界面，可以看到已经将所选择的图片进行批量旋转，这样即可完成批量旋转图片的操作。

2. 在光影魔术手软件中打开准备制作证件照的照片，❶单击右上角的【更多】按钮 ，❷在弹出的下拉菜单中选择【排版】命令。

弹出【照片冲印排版】对话框，❶指定照片的显示区域，❷选择排版样式，❸单击【确定】按钮。

返回到 ACDSee 软件的主界面中，可以看到排版后的证件照效果，单击【保存】按钮 即可完成制作证件照的操作。

第 4 章

一、填空题

1. 截图

2. 输入与输出

二、判断题

1. 错

2. 对

三、简答题

1. 启动【暴风影音】播放器，并播放本例的视频素材文件"太空中的星星 .mp4"，在遇到好看的画面时，按下空格键暂停播放，单击下方的【截图】按钮。

此时可以看到画面左上方会提示"截图成功"信息，并在下方显示截图路径，单击

该【截图路径】超链接。

即可弹出截图保存文件夹，在文件夹中可以查看截取的视频图片，这样即可完成使用暴风影音截取视频画面的操作。

用户还可以单击主界面中的【主菜单】按钮，在弹出的下拉菜单中选择【高级选项】命令，打开【高级选项】对话框，切换到【截图设置】选项卡，在其中可以详细地设置截图相关功能。

2. 启动酷狗音乐软件，❶选择界面上方的【探索】栏目，❷进入【探索】界面，然后单击下方的【铃声制作】按钮。

弹出【酷狗铃声制作专家】对话框，在【第一步，添加歌曲：】下方，单击【添加歌曲】按钮。

弹出【打开】对话框，❶选择准备制作成铃声的素材歌曲"邓丽君 - 月亮代表我的心 .mp3"，❷单击【打开】按钮。

返回到【酷狗铃声制作专家】对话框，可以看到已经添加了所选择的歌曲，在【第二步，截取铃声：】下方，❶设置截取铃声的起点时间，❷设置截取铃声的终点时间，❸设置完成后单击【试听铃声】按钮，❹确认铃声的截取片段后，单击【保存铃声】按钮。

弹出【另存为】对话框，❶选择准备保存铃声的位置，❷输入文件名称，❸单击【保存】按钮。

弹出【保存铃声到本地进度】对话框，提示"正在保存铃声中"，用户需要在线等待一段时间。

提示"铃声保存成功！"信息，单击【确定】按钮。

打开保存铃声所在的文件夹，可以看到已经制作好的手机铃声，这样即可完成使用酷狗音乐制作手机铃声的操作。

第5章

一、填空题

1. 悬浮窗

2. 查询时自动发音

3. 文档翻译

二、判断题

1. 对

2. 错

三、简答题

1. 在迷你悬浮窗上，❶单击【设置】按钮⚙，❷在弹出的下拉列表框中选择【软件设置】选项。

弹出【设置】对话框，❶切换到【功能设置】选项卡，❷在【功能设置】区域下方选中【查询时自动发音】复选框，❸选择准备发音的类型，这里选中【美音】单选按钮。

此时即可在迷你悬浮窗中搜索准备进行发音的单词，搜索完毕后金山词霸即可自动进行该单词的发音，从而纠正用户的发音。

2. 启动有道词典程序后，在左下角处，分别选中【取词】和【划词】复选框。

此时即可打开一个文本，将准备进行翻译的词语选中，然后就可以看到有道词典的自动翻译结果了。

第6章

一、填空题

1. 新建标签

2. 收藏夹

3. 搜索引擎

4. 爬虫、检索

5. 上传

二、判断题

1. 对

2. 错

3. 对

4. 对

5. 错

6. 对

三、简答题

1. 启动360安全浏览器，打开准备保存网页图片的网页，将鼠标指针移动到图片上方，会弹出一个悬浮工具条，单击【快速存图】按钮。

此时在右下角处会弹出一个提示框，提示"图片已成功保存"信息，单击【点此打开文件夹】超链接。

打开保存图片所在的目录，可以看到已经保存的图片，这样即可完成快速保存图片的操作。

2. 进入【发送电子邮件】页面，❶在【收件人】文本框中输入邮件接收人的邮箱地址，或直接单击右侧的联系人，❷在【主题】文本框中输入邮件的主题，如"照片"，❸单击【添加附件】按钮。

弹出【打开】对话框，❶选择准备添加的附件文件，❷单击【打开】按钮。

返回到【发送电子邮件】页面，可以看到已经上传完成的附件文件，单击左上角的【发送】按钮。

进入【邮件发送成功】页面，这样即可完成发送附件的操作。

3. 在打开的迅雷软件程序窗口中，❶单击左侧的【下载】按钮，❷切换到【下载中】选项卡，❸单击【新建】按钮。

弹出【添加链接或口令】对话框，❶单击下拉按钮 ▼，❷在弹出的下拉列表框中选择【添加 BT 任务】选项。

弹出【打开】对话框，❶选择 BT 种子文件所在的目录，❷选择准备添加的 BT 种子文件，❸单击【打开】按钮。

弹出【新建下载任务】对话框，❶选择准备下载的文件，❷单击【立即下载】按钮。

返回到迅雷程序主界面，可以看到已经正在下载这些文件，这样即可完成添加 BT 任务并下载的操作。

第 7 章

一、填空题

1. 密码
2. 下载

二、判断题

1. 错
2. 对

三、简答题

1. 启动并登录【腾讯 QQ】聊天软件，在好友列表中双击准备进行传输资料的 QQ 好友头像。

弹出与好友的对话窗口，在功能按钮栏中，❶将鼠标移动到【传送文件】按钮 📁，❷在弹出的列表框中选择【发送文件】选项。

弹出【打开】对话框，❶选择电脑中存储文件的路径，❷选择准备传送的文件，如 help.pdf，❸单击【打开】按钮。

返回到与好友的对话窗口，在【编辑】文本框中显示准备传输的文件，单击【发送】按钮。

在与好友的对话窗口右侧，显示正在传输文件，如果好友在线，用户可以直接单击【转在线发送】超链接。

传输完成后在会话区域中提示"成功发送文件"信息，这样即可完成传输文件的操作。

2. 启动并登录微信电脑版软件，❶单击左下角处的【更多】按钮 ▦，❷在弹出的列表框中选择【备份与恢复】选项。

弹出【备份与恢复】对话框，单击【备份聊天记录至电脑】按钮 🖥。

进入【请在手机上确认，以开始备份】界面，用户需要在手机微信上确认该操作。

确认完毕后，会自动备份文件，进入【备份已完成】界面即可完成备份聊天记录的操作。

在【备份与恢复】对话框中，单击【恢复聊天记录至手机】按钮 🔲。

弹出【请选择需要传输的聊天记录】对话框，❶选中【全选】单选按钮，❷单击【确定】按钮。

进入【恢复到手机】界面，用户需要在手机微信上确认，开始进行恢复操作。

在手机上确认完毕后即可进行恢复，当进入【传输已完成，请在手机上继续恢复】界面，即可完成聊天记录的恢复。

第 8 章

一、填空题

1. 视频合并 & 混流
2. 字幕

二、判断题

1. 对

2. 错

三、简答题

1. 在屏幕录制工具栏中，单击 rec 按钮 [rec]，会弹出录制计时器框，提示"按 F10 停止录制。"信息。

Camtasia Record 开始屏幕录制操作，在录制工具栏中，可以看到视频录制的持续时间，录制完成后，可以单击【停止】按钮 [■] 结束录制。

停止录制后，会返回到软件操作界面，并显示刚刚录制的视频，❶单击右上角处的【分享】按钮，❷在弹出的下拉列表框中选择【本地文件】选项。

弹出【生成向导】对话框，❶单击【自定义生成设置】右侧的下拉按钮☑，❷在弹出的下拉列表框中选择准备使用的生成格式，❸单击【下一页】按钮。

进入下一个界面，❶输入生成名称，❷设置生成视频所在的位置，❸单击【完成】按钮。

弹出【正在渲染项目】对话框，提示"正在渲染视频"信息，用户需要等待一段时间。

进入【生成完成】界面，显示详细的生成结果，单击【打开生成文件夹】按钮。

打开录制视频所在的路径，可以看到刚刚录制视频所生成的文件夹，这样即可完成屏幕录制的操作。

2. 启动并运行格式工厂软件，❶选择【视频】栏目，❷单击 MP4 按钮。

弹出 MP4 对话框，单击【添加文件】按钮。

弹出【请选择文件】对话框，❶选择准备进行转换的视频文件，❷单击【打开】按钮。

返回到 MP4 对话框中，可以看到选择进行转换的视频文件，单击下方【输出目录】

右边的【文件夹】按钮。

弹出 Please select folder 对话框，❶选择准备导出转换视频的文件夹位置，❷单击【选择文件夹】按钮。

返回到 MP4 对话框中，可以看到输出文件夹已被改变，单击右下角处的【确定】按钮。

返回到【格式工厂】软件主界面中，可以看到已经设置好的准备转换的视频，单击【开始】按钮。

视频正在转换中，用户需要在线等待一段时间。视频转换完成后，会在系统桌面右下角弹出一个【任务完成】提示框，用户可以选中转换的视频文件，单击【打开输出文件夹】按钮。

打开转换后的视频所在的文件夹，可以看到已经转换完成的视频文件，这样即可完成转换视频文件格式的操作。

第 9 章

一、填空题

1. 硬件检测
2. 更新

二、判断题

1. 对
2. 错

三、简答题

1. 启动并运行鲁大师软件，❶切换到【硬件评测】选项卡，❷单击【开始评测】按钮。

进入"正在检测"界面，用户需要在线等待一段时间，系统会自动依次根据处理器性能、显卡性能、内存性能和磁盘性能，进行测试评分。

完成测试后，用户就可以看到电脑的综合性能、处理器性能、显卡性能、内存性能和硬盘性能的评分了。

2. 启动并运行 360 安全卫士软件，❶单击【优化加速】按钮，❷单击【一键加速】按钮。

进入【智能扫描中】界面，用户需要等待一段时间。

扫描完成后，系统会提示需要进行的优化项，单击【立即优化】按钮。

弹出【一键优化提醒】对话框，❶选择准备进行优化的项目，❷单击【确认优化】按钮。

进入【已优化】界面，显示优化结果，用户可以单击【返回】超链接完成优化，或单击【继续优化】按钮，继续选择要优化的项目。